FORSCHUNGSBERICHTE
DES WIRTSCHAFTS- UND VERKEHRSMINISTERIUMS
NORDRHEIN-WESTFALEN

Herausgegeben von Staatssekretär Prof. Leo Brandt

Nr. 269

Markscheider Rudolf Bals

Eignung des Gebirgsankerausbaus zur Erleichterung
des Streckenvortriebs im Steinkohlenbergbau

im Auftrage
der Bergbau AG. Constantin der Große, Bochum

Als Manuskript gedruckt

WESTDEUTSCHER VERLAG / KÖLN UND OPLADEN
1956

ISBN 978-3-663-03583-1　　　ISBN 978-3-663-04772-8 (eBook)
DOI 10.1007/978-3-663-04772-8

Forschungsberichte des Wirtschafts- und Verkehrsministeriums Nordrhein-Westfalen

G l i e d e r u n g

Vorwort . . . . S. 5

I. Beschreibung des Zweckes der Untersuchungen und
Allgemeines . . . . S. 7

II. Die Durchführung von Beobachtungen . . . . S. 13

   1. Geologische Feststellungen . . . . S. 13

   2. Die Anordnung von Beobachtungsmessungen . . . . S. 15

      a) Allgemeines . . . . S. 15

      b) Die Anordnung der geodätischen Beobachtungen . . . S. 18

      c) Die Anordnung der Spannungsmessungen . . . . S. 19

III. Beschreibung des Betriebsablaufes und der dabei in
Erscheinung getretenen Schwierigkeiten . . . . S. 22

IV. Auswertung der Ergebnisse der Spannungsmessungen . . . . S. 34

V. Überlegungen über die gebirgsmechanischen Vorgänge beim
einseitigen Abbau längs einer Flözstrecke in Bezug auf die
Verankerung des Streckenhangenden an Hand des Betriebsablaufs und der Beobachtungen, sowie an Hand von Modellen . . S. 42

   1. Die Beanspruchung von Gebirgsankern, wie man sie sich
an Hand von einfachen gebirgsdynamischen Vorgängen und
statischen Betrachtungen im Streckenquerschnitt vorstellen kann und allgemeine Folgerungen . . . . S. 42

   2. Die Gefahr der Rißbildung im Streckendach und
gegen sie im Sinne des Gebirgsankerausbaus zu
treffende Maßnahmen . . . . S. 59

VI. Betrachtung der Beanspruchungen des Streckendaches im
Verlauf des fortschreitenden wechselseitigen Abbaus und
daraus sich ergebende Folgerungen und Vorschläge für
die Verankerung im Sinne der gestellten Aufgabe . . . . . S. 62

VII. Zusammenfassung und Schlußbetrachtungen . . . . S. 70

VIII. Literaturverzeichnis . . . . S. 73

Forschungsberichte des Wirtschafts- und Verkehrsministeriums Nordrhein-Westfalen

Vorwort

Bei der Bergbau-Aktiengesellschaft Constantin der Große in Bochum, der früheren Gewerkschaft ver. Constantin der Große, werden seit dem Jahre 1951 ernsthafte Überlegungen darüber angestellt, ob durch eine weitgehende Umstellung des Abbaubetriebes vom bisher vorwiegenden Feldwärtsbau auf den Rückbau eine durchgreifende Rationalisierung gefördert werden könne (1) (2)[*]. Im Zuge dieser Überlegungen ergab sich - angeregt durch ausländische Erfahrungen und die z.Zt. im Ruhrbergbau anlaufenden Versuche mit Gebirgsankerausbau - die Frage, wie man einen für den Rückbau anzustrebenden beschleunigten Streckenvortrieb durch Anwendung eines solchen Ausbaus wirtschaftlich erreichen könne, ohne die nicht unbegründeten sicherheitlichen Bedenken der Bergbehörde zu vernachlässigen.

In eingehenden Besprechungen mit der Bergbehörde im Jahre 1951 zeigte diese großes Interesse an einer Klärung der Probleme des Ankerausbaus in dem angedeuteten Sinne. Sie sagte uns weitgehende Unterstützung zu, zumal wir uns bereit erklären konnten, einen geeigneten Abbaubetrieb unserer Schachtanlage Constantin 4/5 für entsprechende Untersuchungen zur Verfügung zu stellen. Leider wurde unsere Absicht, diese Untersuchungen in dem mächtigen Flöz Dickebank schon bald durchzuführen, durch einen plötzlichen Grubenbrand in dem vorgesehenen Streb vereitelt. Das war umso bedauerlicher, als dadurch die günstige Gelegenheit, einen zusätzlich bereitgestellten Reservestreb mit geringerer Empfindlichkeit für Störungen durch Untersuchungsmessungen zur Verfügung zu haben, nicht mehr gegeben war. So waren wir zu einer Umstellung unserer Pläne und zur Auswahl des in der gleichen Abteilung unter Flöz Dickebank noch anstehenden nur 1,1o m mächtigen Flözes Sonnenschein gezwungen.

Zwar gab es durch diese Abänderung eine Verzögerung unserer Pläne und bei der Ausführung ziemlich erhebliche Störungen des Betriebsablaufes - zumal es sich um einen Hobelbetrieb handelte - und wesentliche Behinderungen der Untersuchungsarbeiten. Die Erfahrungen mit dem Gebirgsankerausbau, die man dort machte, schienen auch auf den ersten Blick für eine allgemeine Anwendung eines Ankerausbaus recht wenig günstig zu sein. Die Auswertung aller Beobachtungen jedoch hat uns die Erkenntnis gebracht, daß

---

[*] Die eingeklammerten Zahlen verweisen auf das Literaturverzeichnis am Schluß des Berichtes

es höchstwahrscheinlich Möglichkeiten gibt, den genannten Ausbau in fast jedem im Ruhrbergbau vorkommenden Gebirge zur Beschleunigung des Streckenvortriebs zum Zwecke der Herrichtung des Rückbaus anzuwenden und dabei den an den Streckenausbau zu stellenden sicherheitlichen Anforderungen gerechtzuwerden. Gerade die besonderen Schwierigkeiten, mit denen wir in der Sonnenschein-Strecke zu tun hatten, haben diese Erkenntnisse gefördert.

Wir haben uns nunmehr entschlossen, die in dem nachfolgenden Bericht erarbeiteten Vorschläge*) in systematischen Versuchen auf ihre praktische Anwendbarkeit zu erproben. Hier, in Zusammenarbeit mit der Firma Eickhoff, wie auch anderwärts, sind inzwischen Streckenvortriebsmaschinen und Ladegeräte entwickelt worden, die eine Auffahrung bis zu 8 m täglich ermöglichen. Durch große Vortriebsleistungen erst wird ja nach unsern Untersuchungen (2) der Rückbau zu dem Rationalisierungsmittel, das erstrebt werden sollte. Die für das beschleunigte Einbringen der Gebirgsanker erforderlichen Bohreinrichtungen glauben wir in einiger Zeit zur Verfügung zu haben.

Das Land Nordrhein-Westfalen hat die angestellten Untersuchungen durch die Hergabe eines verzinslichen Darlehens unterstützt.

Bochum, im September 1955

BERGBAU-A.G. CONSTANTIN DER GROSSE
gez. HEIDEMANN   gez. MÜLLER-KLÖNNE

---

*) Für die hier gemachten Vorschläge ist beim Deutschen Patentamt eine Patentanmeldung sowie eine Gebrauchsmuster-Hilfsanmeldung eingereicht worden

Forschungsberichte des Wirtschafts- und Verkehrsministeriums Nordrhein-Westfalen

I. Beschreibung des Zweckes der Untersuchungen und Allgemeines

Zweck der Untersuchung war die Klärung der Frage der Anwendbarkeit des Gebirgsankerausbaus für die Ermöglichung eines beschleunigten Streckenvortriebs bei der Herrichtung von Rückbaustreben im Steinkohlenbergbau. Sie wurde durchgeführt auf der Schachtanlage Constantin 4/5 der Bergbau-Aktiengesellschaft Constantin der Große, und zwar auf einer Strecke des Flözes Sonnenschein, in der 2. westlichen Abteilung der 8. Sohle und in einer Tiefe von rd. 800 m.

Das Flöz hat hier - auf dem Südflügel der Essener-Hauptmulde - eine Mächtigkeit von 1,1 m - 1,2 m und fällt mit $10°$ - $14°$ nach Nordwesten ein. Zwischen dem Constantin-Sprung bzw. dessen Vorsprüngen im Westen und einer unbenannten Störung im Osten des Abteilungsquerschlages steht es in einer Baulänge von etwa 720 m an (s. Abb. 1).

Vom Blindschacht 46, der rd. 50 m oberhalb der 8. Sohle das Flöz aufgeschlossen hat, ist zunächst nach Südwesten eine Strecke von rd. 230 m praktisch söhlig, jedoch in gerader Richtung aufgefahren worden, die westliche Bandstrecke. Infolge der leicht welligen Lagerung mußte in dieser Strecke bei der söhligen Auffahrung die Streckenhöhe verschieden hoch werden, stellenweise bis zu 4,0 m hoch. Die Berge waren bei der Auffahrung abgefördert worden. Die Strecke hat also keinen Unterdamm.

Nach Nordosten ist die östliche Bandstrecke nach Beginn des Abbaus im Westen in beschleunigter Auffahrung hergestellt worden und zwar praktisch durchweg in einer Höhe. Sie hat bei 265 m eine Vorstörung erreicht, an der der Streckenvortrieb mit Bergeabförderung wegen der Annäherung des von Westen kommenden Strebs eingestellt werden mußte. Hinter der Störung ist dann später die Strecke mit Unterdamm aufgefahren worden (dieser Streckenteil ist nicht untersucht worden).

Abgebaut ist inzwischen - bis Ende Mai 1955 - die gesamte Bauhöhe oberhalb der Strecke Blindschacht 46 von Westen nach Osten und ein Teil der unteren Bauhöhe oberhalb der 8. Sohle, ebenfalls von Westen nach Osten, und zwar unter Einsatz eines Kohlenhobels von Löbbe mit Bruchbau und mit täglichen Fortschritten bis zu 2,5 m.

Es wird jedem Fachmann verständlich sein, daß bei solchem Fortschritt mit maschinellem Einsatz und bei der erheblichen Staubentwicklung die Untersuchungsarbeiten sehr erschwert waren.

Forschungsberichte des Wirtschafts- und Verkehrsministeriums Nordrhein-Westfalen

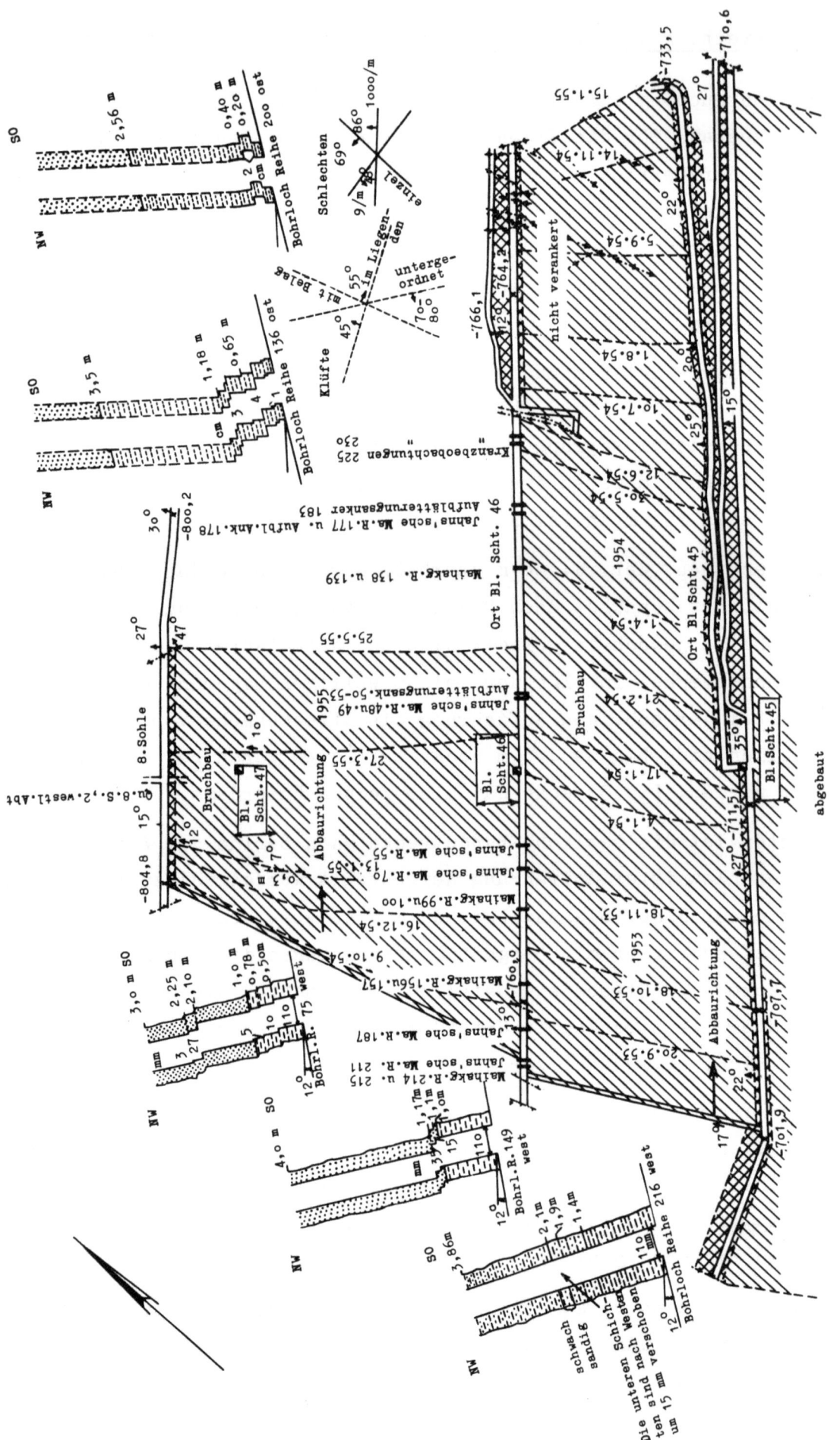

Abbildung 1

Abbaugrundriß von Flöz Sonnenschein mit der Untersuchungsstrecke Ort Blindschacht 46

Forschungsberichte des Wirtschafts- und Verkehrsministeriums Nordrhein-Westfalen
___

Da die Genehmigung zum Ausbau mit Gebirgsankern seitens der Bergbehörde erst im Oktober 1952 erteilt wurde, konnte mit dem Einbau der Anker in Verbindung mit leichtem Streckenausbau in der Weststrecke erst am 1. November 1952 begonnen werden, als diese Strecke bereits fast 220 m ins Feld gefahren war.

Leider wurde dann nach 14 m weiterer Auffahrung, früher als vorgesehen, eine Störung erreicht, die nach Lage der Dinge die westliche Begrenzung des als Hobelbetrieb geplanten Rückbaustrebes darstellen mußte.

Bis zu diesem Zeitpunkt waren gleichzeitig mit der Auffahrung 13 Ankerreihen mit je 5 Ankern gemäß Abbildung 2 eingebracht worden und zwar unmittelbar nach dem Auskohlen. Die unterschiedliche Stellung des Ankers Nr. 4 wurde im Einvernehmen mit dem Oberbergamt Dortmund in Aussicht genommen, um damit vielleicht klären zu können, ob die bankrechte Stellung nicht die vom Berichterstatter vermuteten Nachteile der zum Streb übergeneigten Stellung haben würde. Leider ergab sich in der Praxis, daß die Anker am Oberstoß nicht derart planmäßig gesetzt werden konnten, weil die dort liegende Wetterlutte das Bohren in bankrechter Richtung behinderte.

Bei der geringen Flözmächtigkeit von 1,1 m - 1,2 m konnten die bankrechten Anker nicht länger sein als 1,10 m, wenn sie vor dem Nachschießen des Liegenden, also unmittelbar nach dem Auskohlen des Streckenvortriebs eingebracht werden sollten, während alle übrigen Anker 1,4 m lang sein durften. Diese Erkenntnis wurde jedoch, wie das so häufig bei Versuchen im rauhen Betriebe geschieht, erst beim Einbringen der ersten Ankerreihen, kurz vor Streckenschluß, gewonnen, und als die kürzeren Anker beschafft waren, hätte man beim Einbringen im rückwärtigen Streckenteil auch die längeren verwenden können.

Als zusätzlicher Streckenausbau wurden bei den ersten 13 im äußersten Westen gesetzten Ankerreihen alle 2 m kräftige Halbhölzer mit Quetschholz und angespitzte auf das Liegende gestellte Stempel verwendet, um die Wirkung der Gebirgsanker nicht allzu sehr zu verwischen.

Im rückwärtigen Teil der bereits vorher aufgefahrenen westlichen Strecke mußten die dort in Abständen von rd. 1,10 m gesetzten Polygonbaue aus Eisenkappe mit Holzstempeln und Stoßläufern bestehen bleiben, weil man sich die Kosten des Umbaues nicht leisten konnte und auf die zusätzliche Sicherheit nicht verzichten wollte. Zwischen diese Baue wurde nun jeweils

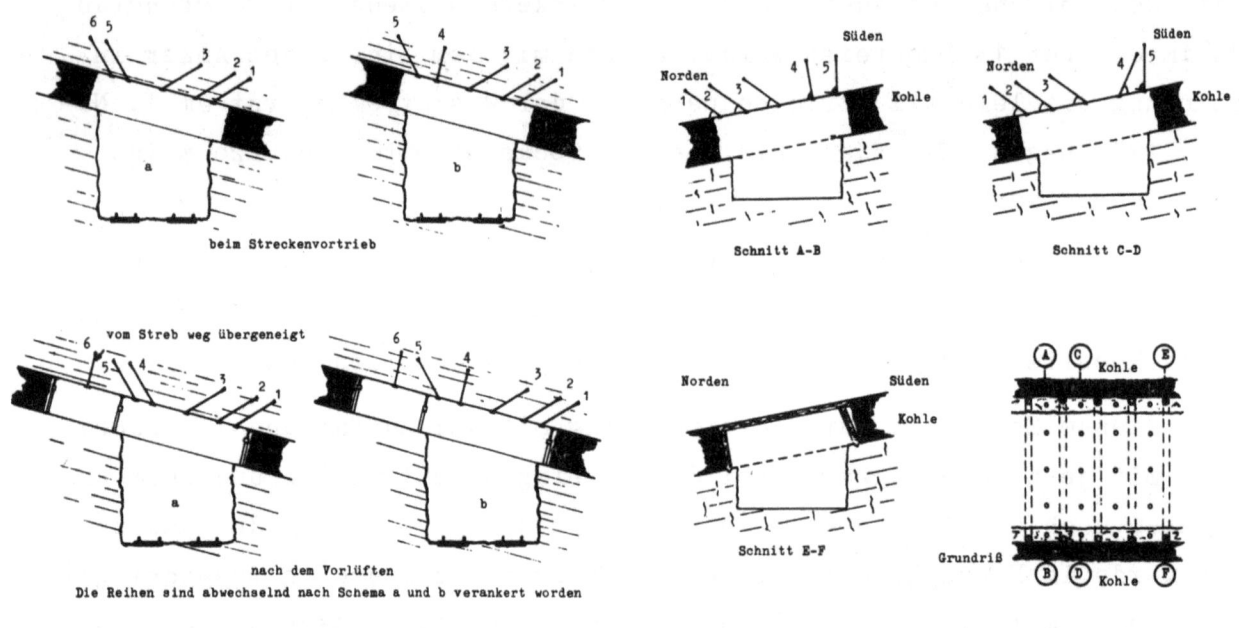

Abbildung 2	Abbildung 3
Anordnung der Gebirgsanker in der Weststrecke	Anordnung der Gebirgsanker in der Oststrecke

noch eine Ankerreihe nachträglich eingebracht, soweit nicht das inzwischen stellenweise aufblätternde Gebirge das Bohren unmöglich machte.

Der in der Abbildung 2 angedeutete Anker 6 wurde später, nach dem Anlaufen des Strebs, etwa 3 - 4 m vor diesem beim sogen. Vorlüfter so eingebracht, daß er etwas diagonal zur Streckenrichtung zeigte und oben etwas nach der Strecke übergeneigt war. Er sollte dazu dienen, das vorzeitige Wandern des Hangenden im Vorlüfter zum Strebraum zu hemmen und damit den Hobelstall zusätzlich zu sichern.

In der gleich nach dem Auskohlen verankerten <u>Oststrecke</u> sind die Anker durchweg mit einem Ausbau gemäß Abbildung 3 versehen worden, also Türstöcke aus Halbhölzern auf angespitzten Stempeln am Unter- und Oberstoß auf das Liegende gesetzt in Abständen von 1 m, dazwischen je 5 Anker in jeder Reihe, von denen die am Oberstoß nur 1,1 m lang waren. Die Strecke ist wesentlich niedriger aufgefahren als die Weststrecke, etwa 2,2o m hoch am Unterstoß und rd. 3,2o m am Oberstoß.

Während im Anfang G.H.H.-Schlitzkeilanker von 3o mm Durchmesser verwendet wurden, ging man später zu 22 mm-Schlitzkeilankern der Firma Bergbaufortschritt über.

Forschungsberichte des Wirtschafts- und Verkehrsministeriums Nordrhein-Westfalen

Im November und Dezember 1952 ausgeführte Zugversuche an Ankern beider Arten zeigten beim Vergleich mit Zerreißversuchen auf dem Prüfstand, daß bei dem ziemlich milden Hangenden eine wirklich feste Verlagerung des Ankerkopfes im Bohrloch nicht zu erzielen ist. Schon bald nach dem festen Anliegen der Ankerplatte am Dach des Flözes scheint ein allmähliches Rutschen des Ankerkopfes mit jedoch immer neuer Widerlager-Bildung einzutreten.

Die Lastaufnahme erfolgte bei den 22 mm-Ankern (s. Abb. 4) bis zu 12 und 13 t, wenn man sich auf die Angaben des Zuggerätes verlassen kann. (Bei 1o,6 t lag nach den Prüfstandversuchen die Streckgrenze, bei 13,7 t die Bruchgrenze.) Bei 1o t Zugbelastung rutschten die Anker jedesmal um etwa 5 mm, wenn man das Hineinpressen der Ankerplatte in die Dachschicht unberücksichtigt läßt. Nach der Entlastung und bei Wiederbelastung erfolgte - offenbar wegen der inzwischen eingetretenen festen Auflage der Ankerplatte und des Ankers - ein Rutschen und Zusammenpressen von nur 1,5 mm bei 1o t.

Ein 3o mm-Anker nahm bis zu 17 t Zug auf - mehr gab die Pumpe leider nicht her - und rutschte einschließlich des Einpressens am Hangenden bei 1o t Belastung um etwa 14 mm und beim 2. Versuch nach der Entlastung noch etwa 3,5 mm. Er brachte also keine bessere Verankerung als der 22 mm-Anker.

Mehrfache Versuche mit Spreizhülsenankern und Doppelkeilankern verschiedener Formen ergaben keine bessere Eignung dieser Konstruktionen für das gegebene Gebirge. Da ein nachträgliches Rauben des Ankerausbaus von vornherein nicht beabsichtigt war, konnte man auch auf die komplizierteren Konstruktionen verzichten.

Es soll jedoch - lediglich auf Grund dieser Versuche - kein endgültiges Urteil über die Eignung verschiedener Ankerarten abgegeben werden. Wir hatten allerdings von Anfang an die Vermutung, daß die bis dahin entwickelten Ankerkonstruktionen, wenn grobe Fehler beim Setzen ausgeschaltet würden, im Prinzip durchweg anwendbar wären und daß von entscheidender Bedeutung für die Wirksamkeit der Anker ihre Richtung in Bezug auf die Lage des Strebfeldes sein müsse. Deshalb wurde auf umfangreichere Zugversuche verzichtet.

Als Bohreinrichtung wurde ein in Zusammenarbeit mit der Firma Flottmann entwickeltes Vorschubgerät, sowie ein Bohrhammer A.Z.2o verwendet. Bei

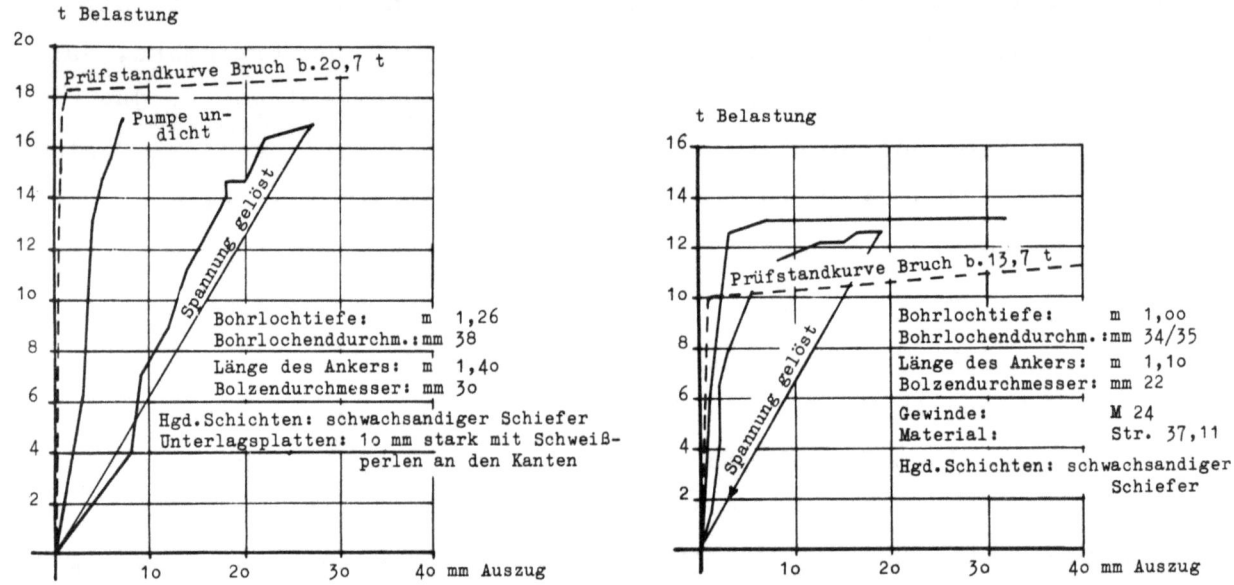

Abbildung 4

Vorprüfende Zugversuche in der Weststrecke im Dezember 1952

der geringen Flözmächtigkeit war zur Herstellung der Bohrlöcher ein viermaliger Bohrerwechsel bis zur endgültigen Länge des Bohrloches erforderlich. Das anfallende Bohrmehl wurde mit einem Hemscheidt-Trockenabsaugegerät in Tüten abgezogen. Es wurde also nicht naß gebohrt.

Die Ankerbolzen wurden vor dem Einbringen in das Bohrloch mit einer Schlagmutter versehen und dann mit dem Bohrhammer gegen das Bohrlochtiefste verkeilt. Die Kugelplatten mit Klauen zur Aufnahme der Drahtseile wurden dann auf das herausragende Ankerende geschoben und die Muttern angezogen, im Anfang mit Schraubenschlüsseln, später mit einem Preßluft-Schlagschrauber der Firma Spitznas - Langenberg. Das Drehmoment dieser handlichen Maschine lag bei 12 - 15 mkg. Später wurde eine Maschine mit einem Drehmoment von 30 mkg eingesetzt.

Das Verspannen der Gebirgsanker mit Drahtseilen bereitete anfänglich einige Schwierigkeiten insofern, als nach Auflegen der Verzugsspitzen die Seile nicht stramm genug angezogen werden konnten. Es hat sich als zweckmäßig erwiesen, die Seile zunächst an dem Anker des Unterstoßes anzuschlagen, jedoch zuerst an dem Anker am Oberstoß zu verklemmen, und dann erst, vom mittleren Anker ausgehend, zu verschrauben. Die notwendige Vorspannung der aufgelegten Drahtseile wurde dadurch erreicht, daß die Kugelplatte mit Klaue während des Andrehens der Mutter durch den Andruck und die

Forschungsberichte des Wirtschafts- und Verkehrsministeriums Nordrhein-Westfalen

Schläge des Schlagschraubers an den nach außen ansteigenden Ankern zum Oberstoß wandert.

Die Bohrkolonne wurde, besonders zu Beginn der Arbeiten, sorgfältig überwacht. Ein gewissenhafter Meßgehilfe war dazu abgestellt, den Setzvorgang abzunehmen. In ein besonderes Rapport-Formular hatte er laufend die Länge der Bohrlöcher und Anker, ihre Neigung und Stärke, sowie ihren Abstand einzutragen. Ebenso hatte er Notizen zu machen über die Art des durchbohrten Gesteins und den Zustand des Hangenden. Für die Feststellung der Neigungen wurde ihm ein Gradbogen an die Hand gegeben, der an ein Rohrstück angeschweißt war, welches über das herausragende Ankerende geschoben werden konnte.

II. Die Durchführung von Beobachtungen

1. Geologische Feststellungen

Die liegenden Schichten des Flözes Sonnenschein sind durchweg gleichartig: Auf rd. 1,8 m schwachsandigen Wurzelboden folgt 0,3 m schwachsandiger Schiefer, dann 0,3 m Wurzelboden mit zahlreichen 1 mm starken Kohlenstreifen, 12 cm Wurzelboden, 4 cm schwach bituminöser Schiefer, 4 cm Kohlenriffel, 20 cm Wurzelboden und schließlich Sandschiefer.

Die hangenden Schichten wurden durch Kernbohrungen bei den Reihen 75, 150 und 220 m westlich und bei den Reihen 136 und 200 östlich Blindschacht 46 untersucht (s. Seite 16 und 17).

Wie auch aus anderen Beobachtungen hervorgeht, liegt der feste, das Haupthangende bildende Sandstein in stark wechselnden Abständen oberhalb der schwachsandigen Hangendschicht, am Blindschacht 46 z.B. 4,5 m über dem Flöz, während er in den Bohrlöchern bei den Reihen 75 west und 149 west bereits bei 1,0 m und bei der Reihe 200 ost bei 2,56 m angetroffen worden ist. Mit den Ankern wurde er nur vereinzelt erreicht. Es darf also unterstellt werden, daß bei den vorliegenden Versuchen nicht von einem "Aufhängen" der Schieferschichten am Sandstein die Rede sein kann, es konnten nur - und das ist wesentlich - Beobachtungen über den Erfolg einer Art "Verdübelung" der Schieferschichten angestellt werden.

Die eigentlichen Dachschichten werden von Schieferschichten gebildet, die im wesentlichen nach oben sandiger werden, jedoch mit wechselnden Zwischenstufen.

Forschungsberichte des Wirtschafts- und Verkehrsministeriums Nordrhein-Westfalen

Der Zustand des Hangenden sowie der Verlauf der Schlechten und Hauptklüfte wurde vor Beginn des Abbaus festgestellt und im einzelnen festgelegt. Soweit Schlechten und Klüfte deutlich erkennbar waren, sind sie in der Abbildung 1 dargestellt.

In dem im übrigen glatten Hangenden der Weststrecke traten hin und wieder leicht diagonal streichende Rinnen auf, deren Ausfüllung häufig ausgebrochen war. Auch an einzelnen Klüften war das Hangende schlecht. Stellenweise auch konnte in der Weststrecke durch Abklopfen festgestellt werden, daß eine gewisse Aufblätterung bereits vor Beginn des Abbaus eingetreten war, durch das Aufschießen des Liegenden oder lediglich durch eine Streckenhohlraumwirkung verursacht. Beim nachträglichen Einbringen der Gebirgsanker führten die Erschütterungen beim Bohren hier zum Ablösen von Platten aus dem Hangenden bis zu 20 cm Stärke.

In der Oststrecke war das Hangende von vornherein, also schon vor dem Aufschießen des Liegenden, wesentlich schlechter als im Westen. Mehr oder weniger große Schieferplatten brachen beim Bohren der Ankerlöcher herein und bedingten ein an sich unerwünschtes Unterklotzen der Ankerplatten.

Erst sehr viel später, beim Fallen eines Bruches, konnte man feststellen, daß hier, an der eigentlichen Dachfläche nicht sichtbar, örtlich auftretend, Klüfte mit Mineral- insbesondere Kalkspatausfüllung die höheren Hangendschichten durchsetzen. Sie waren im Westen auch im Bruchbau des Strebs nicht beobachtet worden, im Osten nur stellenweise und dann immer auf kurze Strecken auslaufend.

Die durchweg untergeordnete, in Abbildung 1 als solche verzeichnete, steil westlich einfallende querschlägige Kluft stellt bei Kalkspatausfüllung wahrscheinlich eine empfindlichere Lösungsfläche dar. Von grösserer Bedeutung jedoch für die Standfestigkeit der Strecke ist die mit $55°$ nach Osten einfallende Hauptkluft mit bräunlichem Belag.

Weitere geologische Beobachtungen, die auf Spezialuntersuchungen hinausgelaufen wären, sind nicht angestellt worden. Sie erschienen dem Berichterstatter nicht notwendig, da sie zur Klärung der ganz allgemein gestellten Frage der Verankerungsmöglichkeit dann nicht beitragen könnten, wenn sie über die dem Betriebsmann zur Verfügung stehenden Feststellungsverfahren, also die markscheiderische Aufnahme, hinausgingen. Denn, vor die Lösung der praktischen Aufgabe gestellt, sagte man sich, daß es hier um eine Analyse mechanischer, nicht in ausschlaggebender Abhängigkeit von etwa mikroskopischen geologischen Differenzierungen stehender Vorgänge gehen müsse, wobei Kräfte und Bewegungsvorgänge auftreten, die letzten Endes der Bergmann nach einer Faustformel beherrschen können muß.

2. Die Anordnung von Beobachtungsmessungen

a) Allgemeines

Die Ankerreihen in der Untersuchungsstrecke sind, vom Blindschacht 46 beginnend, fortlaufend numeriert worden, bis zur Ankerreihe 222 am westlichen Streckenende und bis zur Ankerreihe 251 am Ende der Oststrecke vor der kleinen Störung. Auch die fehlenden Reihen erhielten eine Nummer.

In der Weststrecke haben die Reihen einen Abstand von rd. 1,1 m, in der Oststrecke einen solchen von rd. 1,0 m.

Es wurden folgende Einwirkungen beobachtet:

1) Zugbeanspruchung der Anker mit dem Maihak-Fernmeßgerät MDS 3 in Verbindung mit dem Zug- und Druckkraftgeber MDS 24 für Belastungen bis zu 30 t Zug.

2) Zugbeanspruchung der Anker mit den von Dr. H. JAHN entwickelten, hier erstmals eingesetzten Meßankern.

3) Senkungen der Anker, bzw. des Hangenden, durch geometrische Nivellements.

4) Relative Lageveränderung von Festpunkten im Hangenden und Liegenden durch Winkel- und Längenmessung.

5) Aufblätterung der Hangendschichten durch Feststellung des Einschlüpfens verschieden langer nicht angespannter Anker in das Hangende.

6) Relatives Verschieben der Hangendschichten in Bohrlöchern.

Die Meßstellen sind aus der Abbildung 1 zu ersehen und gemäß folgender Aufstellung über die Versuchsstrecke verteilt:

Reihe 216 west, Bohrlochbeobachtung
" 215 " Spannungsmessung mit Maihakgebern
" 214 " " " "
" 211 " Spannungsmessung mit Meßankern mit Spreizhülse sowie Senkungsmessungen

Forschungsberichte des Wirtschafts- und Verkehrsministeriums Nordrhein-Westfalen

Gebirgsschichten in den Bohrlöchern bei den Reihen 216, 149 und 75 West

Reihe	von	bis	Gesteins-art	Gesteinsgemengteile	Farbe	Glanz	Strich mit Nagel	Bruch-fläche	Besondere Merkmale
216 Kernbohrung Bohrloch 11 cm ⌀ 75°S. Einfallen 75 mm Kern-durchmesser	0,0	1,4	Schiefer	dichte Grundmasse, feinste Glimmerteilchen	dkl.-grau	matter Schimmer	weiß-grau	uneben bis muschelig	Tongeruch nach Anhauchen, fühlt sich fettig an
	1,4	1,9	sandiger Schiefer	dichte Grundmasse mit vielen aufleuchtenden Glimmerteilchen	schw.-grau	matt mit aufleuchtenden Glimmert.	hell-grau	uneben	Tongeruch, fühlt sich rauh an
	1,9	2,1	schwach sandiger Schiefer	dichte Grundmasse, stark aufleuchtende Glimmerteilchen mit schwefelkiesartige, flächenhafte Einlagerungen	dkl.-grau (basalt-farben)	matt mit aufleuchtenden Glimmert.	weiß-grau in den Einlagerungen dunkel und glänzend	uneben teilweise muschelig	Tongeruch, rauh
	2,1	3,86	sandiger Schiefer	dichte feinkörnige Grundmasse mit vielen aufleuchtenden Glimmerteilchen	dkl. blau-grau	matt mit aufleuchtenden Glimmert.	weiß-grau	uneben	Tongeruch, rauh, vereinzelte wenige mm starke Schieferplättchen, z.B. bei etwa 2,9 - 3,0 m
149 Kernbohrung Bohrloch 11 cm ⌀ 80°S. Einfallen 75 mm Kern-durchmesser	0,0	1,0	Schiefer	dichte Grundmasse, vereinzelte, feine Glimmerteilchen, mit zunehmender Höhe mehr Glimmer	grau	matt mit aufleuchtenden Glimmert.	hell-grau	muschelig	Tongeruch, vereinzelte bis zu 1 mm starke Kohlenschmitzen
	1,0	4,0	reiner Sand-stein	Körnige, dunkle Grundmasse mit hellen Quarz- und Glimmergemengteilen. Schneller Übergang zum Vorherrschen der hellen Gemengteile. Grobkörnig	mittel- bis hell-grau	matt mit aufleuchtenden Glimmert.	weiß-grau, uneben und unregelmäßig	uneben	sehr rauh, teilweise Klüfte mit Schwefelkies belegt, vereinzelte Kohlenschmitzen
75 Kernbohrung Bohrloch 11 cm ⌀ 82°S. Einfallen 75 mm Kern ⌀	0,0	1,0	Schiefer	dichte Grundmasse, vereinzelte Glimmerteilchen, mit zunehmender Höhe mehr Glimmer	dkl. grau	matt, teilw. matter Glanz	weiß-grau	uneben, teilweise muschelig	Tongeruch, fühlt sich fettig an
	1,0	3,0	reiner Sand-stein	Körnige, sehr quarzreiche Grundmasse, Glimmerteilchen und vereinzelte schw. Gemengteile	hell-grau	matt mit aufleuchtenden Glimmert.	weiß-grau unregelmäßig, uneben	uneben	rauh, scharfkantig

Gebirgsschichten in den Bohrlöchern bei den Reihen 2oo und 136 Ost

Reihe	von	bis	Gesteinsart	Gesteinsgemengteile	Farbe	Glanz	Strich mit Nagel	Bruchfläche	Besondere Merkmale
2oo Ost Kernbohrung Bohrloch 11 cm ⌀	0,0	2,56	Schiefer mit fortschreit. Höhe Übergang zu sandigem Schiefer	dichte, feinblättrige Grundmasse, nach oben Zunahme des Glimmers	dkl.-grau	matt aufleuchtend. Glimmer	weiß-grau	eben, teilweise muschelig, gute Spaltbarkeit der Schichten	auf muscheligen Bruchflächen teilweise hauchdünn rot und grün schimmernder Belag; fühlt sich fettig an; nach Anhauchen starker Tongeruch; sehr weich, läßt sich mit dem Messer schneiden
90° Einfallen 75 mm Kern ⌀	2,56	4,36	reiner Sandstein	mittelkörnig, dkl.und helle Gemengteile, Kohlestreifen eingelagert, sehr quarzreich, vereinzelt Glimmer	mittelgrau	Glasglanz mit vereinzelt aufleuchtend. Glimmer	läßt sich nicht ritzen	scharfkantig	rauh, vereinzelte Klüfte! Kohleplättchen, sehr quarzreich
136 Ost Kernbohrung Bohrloch 11 cm ⌀	0,0	3,5	Schiefer allmählicher Übergang zu schwach sandigem Schiefer	dichte Grundmasse feinste Glimmerteilchen	dkl.-grau bis mittelgrau	matt aufleucht. Glimmer	weiß-grau	eben	gute Spaltbarkeit, Tongeruch nach Anhauchen. Ab 0,7 m Zunahme des Glimmers und der helleren Grundmasse
90° Einfallen 75 mm Kern ⌀	3,5	4,65	reiner Sandstein	körnige, sehr quarzreiche helle Grundmasse, vereinzelt größere Glimmerteilchen	hellgrau	ohne Glanz	weiß unregelmäßig	uneben	rauh, scharfkantig, hart. An der Grenze zwischen schwach sandigem Schiefer und Sandstein Anhäufung von Glimmer

Forschungsberichte des Wirtschafts- und Verkehrsministeriums Nordrhein-Westfalen

Reihe 187 west,	Spannungsmessung mit Meßankern mit Spreizhülse sowie Senkungsmessungen
" 157 "	Spannungsmessung mit Maihakgebern
" 156 "	" " "
" 149 "	Bohrlochbeobachtung
" １oo "	Spannungsmessung mit Maihakgebern und Senkungsmessung
" 99 "	" " " " "
" 75 "	Bohrlochbeobachtung
" 71 "	Senkungs- und Verschiebungsmessung
" 7o "	Spannungsmessung mit Meßankern und Senkungsmessung
" 68 - 66 west,	Aufblätterungsbeobachtung
" 55 west,	Spannungsmessung mit Meßankern und Senkungsmessung
" 48 ost,	" " " " "
" 49 "	" " " " "
" 5o - 53 ost,	Aufblätterungsbeobachtung
" 136 ost,	Bohrlochbeobachtung
" 138 "	Spannungsmessung mit Maihakgebern
" 139 "	" " "
" 177 "	Spannungsmessung mit Meßankern und Senkungsmessung
" 178 - 183 ost,	Aufblätterungsbeobachtung
" 178 ost,	Senkungs- und Verschiebungsmessung
" 183 "	" " "
" 2oo "	Bohrlochbeobachtung
" 225 "	Senkungs- und Verschiebungsbeobachtung
" 23o "	" " "

Außerdem wurden Streckennivellements zur Beobachtung der Hangendsenkung durch die ganze Oststrecke gelegt.

b) Die Anordnung der geodätischen Beobachtungen

An einzelnen Ankerreihen wurden wiederholt durch Nivellement mit einem Nivellierinstrument Zeiß-Opton Ni 2 und zugehöriger Latte die Senkungen der herausragenden Ankerenden und stellenweise auch des Hangenden ermittelt. Eine Spezialmutter mit Verbindungsstück und Haken, die auf die Ankerenden aufgeschraubt wurde, diente zur Aufhängung der Nivellierlatte und zur Vermeidung von Anhaltefehlern.

Forschungsberichte des Wirtschafts- und Verkehrsministeriums Nordrhein-Westfalen

---

Als Ausgangspunkt galt ein Bolzen am Blindschacht 46, der von Zeit zu Zeit durch Teufenmessung von der 8. Sohle überprüft wurde.

Die sogen. Kranzbeobachtungen an Festpunkten, die über Hangendes, Liegendes und Stöße verteilt waren, erfolgten ebenfalls mit dem erwähnten Zeiß-Opton Ni 2 in Bezug auf Höhenänderungen. In Bezug auf die Änderungen in der Horizontalen wurden nur Relativmessungen mit einem Meßstab durchgeführt, auf den die Punkte herabgelotet wurden. Bei dem außerordentlich lebhaften Betrieb und der ungeheueren Staubentwicklung waren absolute Lagemessungen mit einem Theodoliten und Präzisionsmeßband praktisch nicht möglich.

Leider stellte sich heraus, daß im Laufe der Untersuchungen eine ganze Anzahl von Beobachtungspunkten entweder durch starke Gebirgsbewegungen oder durch Unterbauen verlorenging.

c) D i e   A n o r d n u n g   d e r   S p a n n u n g s m e s s u n g e n

Das Dehnungssaiten-Meßgerät der Firma H. Maihak A.G., Hamburg, wurde erstmals auf der Zeche Neumühl zur Messung von Zugspannungen an Gebirgsankern eingesetzt und aus diesem Anlaß von MIDDENDORF und JACOBI beschrieben (3). Das Verfahren beruht darauf, daß die mechanische Spannung einer geeichten in einem "Geber" schwingungsfähig eingespannten Stahlsaite und damit ihre Eigenschwingungszahl durch eine auf sie einwirkende Zusatzspannung - in unserem Falle durch die des zu beobachtenden Gebirgsankers - verändert wird und diese Änderung durch ein Vergleichsverfahren im sogen. "Empfänger" gemessen werden kann.

Die Vorzüge eines solchen Verfahrens liegen nach MIDDENDORF und JACOBI darin, daß Schwankungen der zur Speisung des Gerätes erforderlichen elektrischen Spannung sowie Widerstandsunterschiede in den von den Gebern zum Empfänger führenden Kabeln keinen Einfluß auf den Meß- und Eichwert haben und deshalb aus beliebiger Entfernung und über beliebig lange Zeiträume mit gleichbleibender Genauigkeit die Messungen durchgeführt werden können (4).

In unserem Falle nun wurden die Kabel von je zwei Gruppen von je 1o auf den im vorigen Abschnitt angegebenen Ankern angebrachten Maihakgebern auf Hilfslinienwähler geführt, die in besonders hergestellten Hohlräumen im Streckenstoß aufgestellt waren. Über ein Fernsprechkabel der Type G-GMb-k war die Verbindung zu einem besonders hergerichteten Meßraum auf der

Forschungsberichte des Wirtschafts- und Verkehrsministeriums Nordrhein-Westfalen
___

8. Sohle gegeben. Die Verständigung zwischen Hilfslinienwählerstand und Meßraum geschah durch Fernsprecher.

Für den Anbau der Geber an die Anker wurden Stahlhülsen, je nach der Neigung des Ankers mit besonders angegebener Abschrägung, angefertigt. Da in der 1. Gruppe (Reihe 214/215 west) Anker von 30 mm Stärke mit Gewinde M 30, in den übrigen Anker von 22 mm Stärke mit Gewinde M 24 beobachtet werden sollten, während die Geber durchweg ein Gewinde M 30 haben, mußte für die schwächeren Anker ein besonderes Übergangsstück angefertigt werden.

Die Ablesung am Empfangsgerät erfolgte täglich durch den Elektrosteiger der Schachtanlage. Ein Elektriker betätigte die Schaltung am Hilfslinienwähler. Ein Geber (Anker 4 der Reihe 99 west) zeigte zu Beginn der Messung Mängel und mußte abgeschaltet und zur Reparatur gegeben werden. Ein anderer Geber (Anker 1 der Reihe 156 west) ging plötzlich auf Null zurück. Als er gelöst worden war, bereitete es Schwierigkeiten, die Hülse wieder zentrisch anzusetzen. Die offensichtlich aufgetretenen Schubkräfte führen wahrscheinlich zu einer Verbiegung oder gar Verwindung des Gebers. Zur Behebung dieses Mangels sind später andere Hülsenkonstruktionen entwickelt worden.

Bei der Reihe 139 ost versagte der Geber am Anker 2 nach Strebdurchgang und mußte repariert werden. Bei der Reihe 138 ost fiel der Geber am Anker 4 aus, weil bei Strebdurchgang an dieser Stelle das Hangende ausbrach und damit das untere Widerlager verloren ging.

Die Jahns'schen Meßanker in den Reihen 211 west, 187 west und 55 west waren als Spreizhülsenanker ausgebildet. Bei der Reihe 70 west und für die weiteren Beobachtungsreihen wurden nur noch Schlitzkeilanker verwendet, weil die Spreizhülsenanker offenbar schneller ins Rutschen gerieten.

Die Meßanker wurden neben die vorher eingebrachten Gebirgsanker gesetzt und diese dann gelöst, so daß nur die Meßanker Last aufnehmen konnten.

Die ersten eingesetzten Meßanker (Reihe 187 west und 211 west) aus vergütetem Hohlbohrstahl hatten eine Seele aus Messing später stellte man sie aus kadmiumiertem Silberstahl her, um Differenzen aus verschiedener Wärmeausdehnung auszuschließen.

Für die Bestimmung des Einschlüpfens der Seele der Meßanker bei deren Belastung durch Zug wurden zwei Meßuhren der Firma Käfer - Schwenningen beschafft, darauf zusätzlich ein fester Anschlag angebracht und zur Gewährleistung des immer gleichen Aufsetzens eine Überwurfmutter aus Leichtmetall angefertigt. Die Meßuhren zeigen Veränderungen von 1/1oo mm an, 1/1ooo mm können geschätzt werden.

Für jeden Meßanker wurde auf dem Prüfstand die relative Dehnung bei 1o t Zugbelastung festgestellt, um so aus dem gemessenen Einschlupf der Seele die durch die Gebirgsbewegung ausgeübte Zugbelastung jedes einzelnen Ankers ermitteln zu können.

Leider stellte sich im Laufe der Zeit heraus, daß bei einer Vorbiegung der Meßanker durch Gebirgsbewegungen die Angaben unrichtig wurden. Man versuchte zwar zunächst, die Meßergebnisse so weit wie möglich auszuwerten, kam jedoch damit nicht zu brauchbaren Ergebnissen. Wohl oder übel muß deshalb dieser Aufwand als vergeblich bezeichnet werden.

Der Hersteller hat sich inzwischen entschlossen, die Meßanker anders zu konstruieren und zwar so, daß die Spannungen nur an einem außerhalb des Bohrloches bleibenden Meßstück gemessen zu werden brauchen, so sich dem Verfahren angleichend, das bereits mit den Gebern des Maihakgerätes angewandt wird.

Für die Ermittlung der Aufblätterung der Hangendschichten wurden nach dem inzwischen bekannten Verfahren im Bereich der oben aufgeführten Ankerreihen Schlitzkeilanker verschiedener Länge in verschiedenen Höhen der Dachschicht verankert. In je 5o cm Abstand wurden sie in drei bis vier parallelen Reihen am Unterstoß, in der Mitte und am Oberstoß der Strecke angebracht. Die Längen der Anker betrugen o,5 m, 1,1 m, 1,4 m, 1,6 m und 2,o m. Zusätzlich wurden in die Lücken der drei Reihen noch einmal Ankerstangen von 1,4 m Länge gesetzt. Das aus dem Bohrloch herausragende Stück - etwa 8 - 17 cm lang - wurde fortlaufend mittels eines besonders angefertigten Meßrohres gemessen. Am Hangenden selbst wurde nach den ersten fehlgeschlagenen Versuchen eine leichte Metallplatte mit dünnen Bolzen befestigt, die eine genaue Einmessung des Hangenden ermöglichen sollte. Die damit angestrebte Verfeinerung der Messung kam jedoch nur wenig zur Auswirkung, weil beim Einsetzen des ersten stärkeren Druckes auch diese Platten abplatzten.

Überhaupt zeigte sich bei der späteren Auswertung, daß bei der vorher beschriebenen Anordnung der Aufblätterungsmessung genaue Meßergebnisse nicht erzielt werden konnten. Man kann sich aber tatsächlich mit der Feststellung begnügen, daß Aufblätterung der Schichten über dem Streckenhohlraum grundsätzlich überall auftritt, abgesehen von den Auflagern. Dabei möge es zunächst dahingestellt bleiben, ob es sich in den hier interessierenden Höhen im wesentlichen um echte Aufblätterung handelt oder lediglich um eine Masseneinwanderung.

Einwandfrei zeigte sich jedenfalls, daß grundsätzlich die unteren Schichten über dem Streckenhohlraum mehr abzusinken bestrebt sind als die oberen.

Für die Beobachtung der relativen Verschiebung der einzelnen Schichten des Hangenden gegeneinander dienten die fünf Kernbohrungen im Hangenden der Strecke. Leider hatte man, nachdem erst das Förderband eingebaut war und der Betrieb immer mehr gesteigert wurde, die große Bohrmaschine nicht an noch mehr Stellen einsetzen können.

Die Lage der Bohrlöcher ist aus der Abbildung 1 zu ersehen. Mit dem westlichen sollte besonders das Verhalten des Hangenden an der Störung beobachtet werden.

Die Messung der Schichtenverschiebungen in den Bohrlöchern erfolgte mit dem Zollstock. Die Ermittlung genauester Maße wurde als überflüssig betrachtet, nachdem bei den großen Unterschieden die Ableitung einer berechenbaren Regel als unmöglich und für den vorgesehenen Zweck nicht ausschlaggebend erkannt war. Die schon durch andere Untersuchungen festgestellte und von vornherein vermutete Verschiebung der unteren Schichten zum Strebhohlraum fand ihre grundsätzliche Bestätigung, wie man aus Abbildung 1 entnehmen möge (3, 6).

III. Beschreibung des Betriebsablaufes und der dabei in Erscheinung getretenen Schwierigkeiten

Der Abbau hatte im August 1953 an der westlichen Störung oberhalb der Untersuchungsstrecke seinen Anfang genommen und ging nach Überwindung der Anlaufschwierigkeiten, die vor allem durch kleinere tektonische Störungen bestimmt waren, mit einem allmählich bis auf 2,5 m gesteigerten täglichen Fortschritt zügig nach Osten (s. Abb. 1).

Überraschenderweise traten anfänglich, bis etwa Mitte Oktober 1953 und nach einer Abbaulänge von rd. 70 m, keine sichtbaren Druckerscheinungen in der Strecke auf. Sowohl das schwach ausgebaute westliche Streckenende, auch an der Störung, wie auch der durch Eisenkappen auf Polygonbauen mit Stoßläufern gesicherte Streckenteil blieben vollkommen unberührt.

Erst von dem genannten Zeitpunkt an konnte man an einzelnen Stellen ein Hereindrängen der Kohle am Unterstoß beobachten. Im weiteren Verlauf wurden dadurch sogar einzelne Polygonbaue so eingedrückt, daß sie nicht mehr tragfähig waren.

Im zweiten Drittel des Monats November 1953 raubte man sämtlichen Ausbau 5 m beiderseits der Meßankerreihe 187 west. Auch dann geschah nichts besonderes. Später drückte auch hier die Kohle am Unterstoß immer weiter herein, ohne daß jedoch das Hangende inrgendwelche Beschädigungen zeigte.

Als dann Anfang Januar 1954 auch bei den Reihen 99/100 west der Ausbau 5 m beiderseits geraubt wurde, schob sich hier sofort der untere Kohlenstoß herein. Anschließend senkte sich das Hangende um 6 - 13 mm. Es steht jedoch nicht einwandfrei fest, ob diese Erscheinungen wirklich nur auf das Rauben des Ausbaus oder auf eine allgemeine Absenkung des Hangenden über eine größere Fläche zurückgeführt werden müssen. Jedenfalls ist das Flözdach über der Strecke vollkommen unbeschädigt geblieben und irgendwelche Gefahr für die Aufrechterhaltung der Strecke nicht eingetreten.

Ganz offenbar hielt man den Teil der westlichen Strecke, in dem keine Anker gesetzt worden waren, für wesentlich empfindlicher als den verankerten. Der Steiger sah sich jedenfalls veranlaßt, auf dieser Strecke den Ausbau durch zusätzlich eingesetzte Polygone zu sichern. Mit so starken Bauen geschah das, daß von einer Bewegung nichts zu merken war.

Es ist verständlich, daß man sich bei der Höhe der hier anfallenden Förderung nicht der Gefahr einer Betriebsstörung durch einen Streckenbruch aussetzen wollte und deshalb solche - für unsere Untersuchungen wenig erwünschte - umfangreichen Sicherheitsmaßnahmen traf. Die Erfahrungen beim oberhalb des Blindschachtes 45 vorher abgebauten Streb, wo die Ladestrecke, obwohl streckenweise mit Damm aufgefahren, ganz erhebliche Druckbeanspruchungen erfuhr, so daß mehrere Brüche fielen und durchweg starke zusätzliche Polygone eingesetzt werden mußten, ließen solche vorsorgliche Maßnahmen wohl begründet erscheinen.

Anfang Januar 1954 war der Hobelstreb in die östliche Förderstrecke übergetreten. Der Ausbau bestand hier gemäß Abbildung 3 aus Halbhölzern und zwei angespitzten auf das Liegende gestellten Stempeln zwischen den Anker-

Forschungsberichte des Wirtschafts- und Verkehrsministeriums Nordrhein-Westfalen

reihen. Wie schon in der westlichen Strecke waren drei Anker von 1,4 m Länge zum Unterstoß übergeneigt. Die beiden Anker am Oberstoß sollten gemäß Vereinbarung mit der Bergbehörde und nach Abbildung 3 abwechselnd teils bankrecht, teils senkrecht bzw. mit 55° gegen die Bank zum Oberstoß, teils senkrecht gesetzt werden. Infolge der geringen Flözmächtigkeit konnten die Anker am Oberstoß nur eine Länge von 1,1 m haben.

Die Strecke war, wie erwähnt, von einem Unternehmer aufgefahren worden, auch die Verankerung war ihm überlassen. Das Antreiben der Anker hatte dabei stellenweise zu wünschen übrig gelassen. Auch die vorgeschriebene Neigung der Oberstoßanker war nicht immer eingehalten worden. Allerdings muß dazu bemerkt werden, daß im Osten im Gegensatz zur westlichen Strecke das Hangende des Flözes von Anfang an stellenweise mehr gebräch gewesen und beim Ansetzen der Bohrlöcher ausgebrochen war. Die Ankerplatten hatten deshalb häufiger unterklotzt werden müssen. Mit einer sorgfältig geschulten Bohrkolonne hätte man vielleicht bessere Ergebnisse erzielen können.

Nach Übergreifen des Strebs in die östliche Strecke konnte man sehr bald beobachten, daß bis zu 25 m vor dem Streb starker Druck in der Strecke sich bemerkbar machte, dem man durch Schlagen von Mittelunterzügen auf jeweils diese Länge vor dem Streb begegnete. So weit hatten diese Unterzüge in der westlichen Strecke nicht vorgesetzt zu werden brauchen. Sie hatten dort im wesentlichen nur der Anbringung von Schutzblechen an der Ladestelle gedient.

Während man zunächst annahm, diese stärkeren Druckerscheinungen u.U. auf die hier unregelmäßige Abbaukante des 60 m darüber liegenden Flözes Dickebank zurückführen zu können, stellte sich nach einiger Zeit heraus, daß die Strecke auch weiterhin zunehmend schlechter wurde.

Das Streckenhangende begann weit vor dem Streb, in der Mitte leichte Längsrisse zu zeigen und durchzuhängen. Nach Strebdurchgang trat eine sehr starke Absenkung des Hangenden ein, besonders zwischen Streckenmitte und Versatzstoß. Dabei entstanden stellenweise erhebliche Risse und große Schalen platzten ab. Man konnte die Strecke nur durch starke Unterzüge und zusätzlichen Ausbau im Förderfeld aufrechterhalten, ein nach den Erfahrungen in der Weststrecke überraschendes Ergebnis. Später mußte die Strecke im vorderen Teil im Hangenden etwa 1,2 m hoch nachgebrochen werden, um überhaupt ausreichende Höhe zu behalten. Dabei muß jedoch daran erinnert werden, daß die östliche Strecke von Anfang an mit wesentlich geringerer Höhe aufgefahren worden war als die Weststrecke, indem man das Liegende weniger tief nachgeschossen hatte.

Am 17.2.1954, als der Streb in der Nähe der Reihe 9o ost stand, setzte sich plötzlich das Hangende im unteren Strebteil auf den Antriebsmotor. Beim Versuch, den Motor freizubekommen, brachen die Dachschichten herein. Anschließend pflanzte sich der Bruch bis in die Mitte der Förderstrecke fort, und zwar bis an den Anker 3 bzw. den an der Ladestelle in Streckenmitte gesetzten Unterzug. Die Fläche des Bruches war elliptisch, die große Achse von 7,2 m Länge lag in Richtung des südlichen Streckenstoßes, die kleine Achse von 4,2 m Länge in Richtung des Strebstoßes. Das Bruchgewölbe war etwa 1,75 m hoch. Die hereingebrochenen Schichten wurden von oben nach unten wie folgt aufgenommen:

Unter Sandschiefer:

o,65 m schwach sandiger Schiefer

o,23 m gebräcker Schiefer

o,35 m schwach sandiger Schiefer

o,6o m gebräcker Schiefer.

Es konnte festgestellt werden, daß die kurzen strebseitigen Streckenanker ihr Widerlager in dem gebrächen Schiefer von o,23 m Mächtigkeit gehabt hatten, also praktisch keinen Halt haben konnten. Der fehlende Holzkasten in dem großen Hobelstall-Vorlüfter hatte sich hier als doppelt großer Mangel herausgestellt. Die Anker 4 und 5 jedenfalls konnten nichts zur Sicherung des Strebausganges beitragen, einmal wegen ihres schlechten Widerlagers, zum andern, weil sie bei ihrer Neigung zum Bruchherd in diesen geradezu hineinfallen mußten.

Beachtlich ist, daß der Bruch vor der Linie der Anker 3 seine Grenze fand. Der hier stehende Unterzug allein würde nicht diese günstige Wirkung gehabt haben, so möchte man annehmen. Die Frage ist allerdings, ob nicht ein zweiter, am Streckenrand gesetzter Unterzug und ein Ausbau der Strecke mit ordentlichen Türstöcken die Entstehung des Bruches überhaupt hätte verhindern können. Es liegt durchaus nahe, anzunehmen, daß hier die Art der Verankerung am strebseitigen Streckenstoß <u>bei labilen Dachschichten</u> einfach versagen <u>mußte</u>. Das trat hier erstmals deutlich in Erscheinung und veranlaßte die Betriebsführung, Türstöcke mit eisernen Kappen dem Streb vorauszusetzen.

Forschungsberichte des Wirtschafts- und Verkehrsministeriums Nordrhein-Westfalen

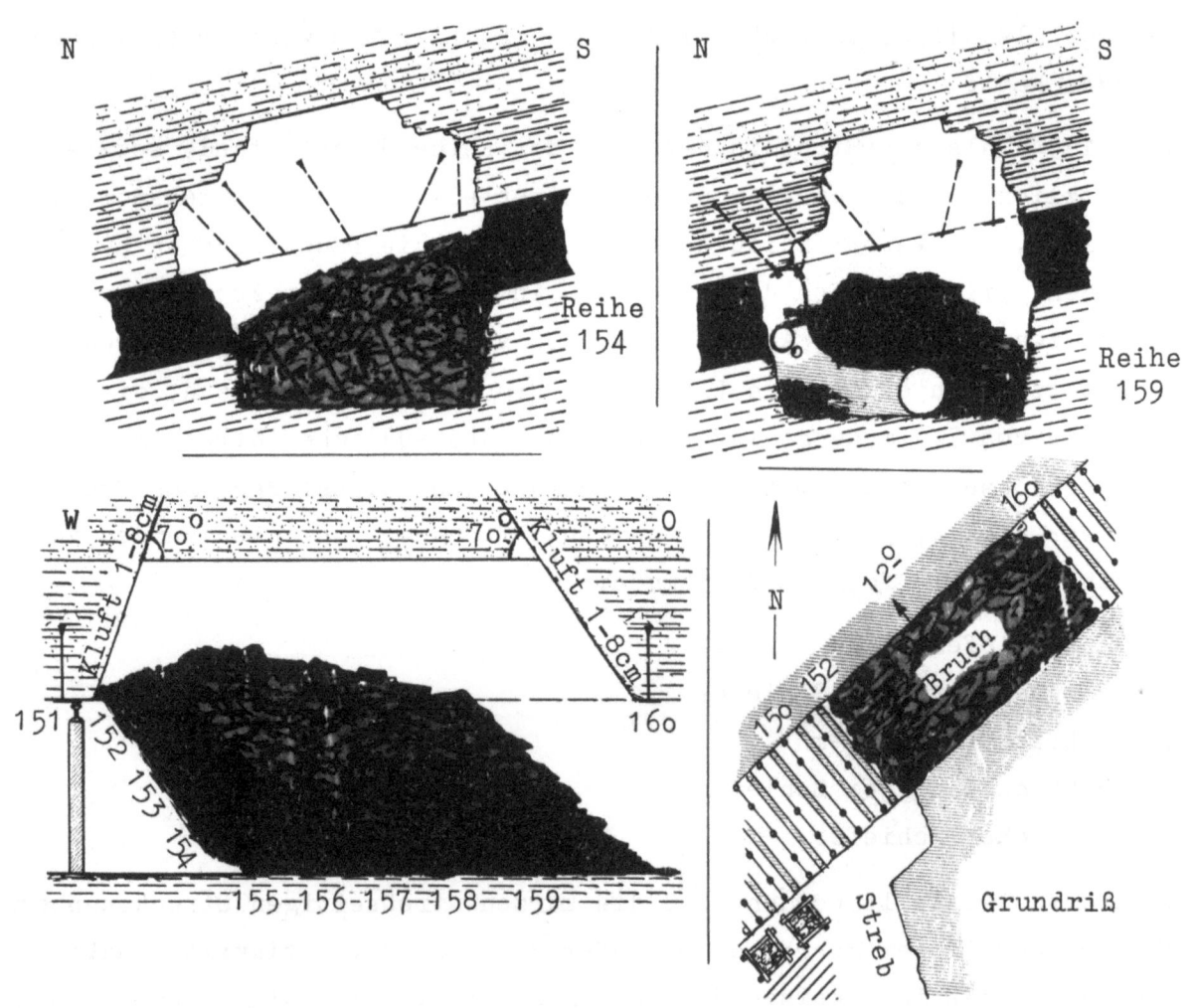

Abbildung 5

Zeichnerische Darstellung des Bruches in der Oststrecke vom März 1954

Sechs Wochen später, am 26.3.1954, fiel in der Strecke selbst ein Bruch, der diese vollkommen absperrte. Er ist in der Abbildung 5 zeichnerisch und in den Abbildungen 6 und 7 durch Lichtbilder festgehalten.

Der Streb stand etwa bei der Reihe 148, der Vorlüfter bei der Reihe 152. Kurz vor der Reihe 152 war der letzte Türstock mit Eisenkappe als Sicherung gesetzt. Diese Reihe und die nachfolgende hatten die Dachschichten zunächst noch zusammengehalten und sich mit ihnen sanft auf das Liegende gelegt, wie es der West-Ost-Schnitt zeigt. Ab Reihe 154 bis Reihe 159 war das Dach vollkommen eingebrochen, westlich einschließlich und östlich ohne Anker 1 und 2.

Es ergab sich, daß im Hangenden, jedoch nicht bis zum Dach durchgehend, zwei stärkere gegenfallende Klüfte mit Mineral-, im wesentlichen Kalkspat-

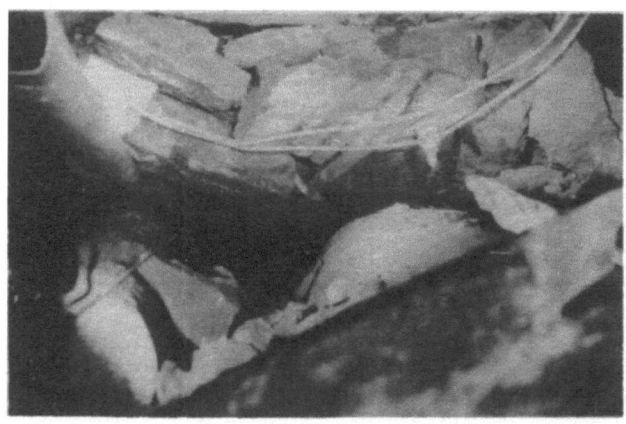

Abbildung 6
Streckenmitte bei der Reihe 159
von Osten gesehen

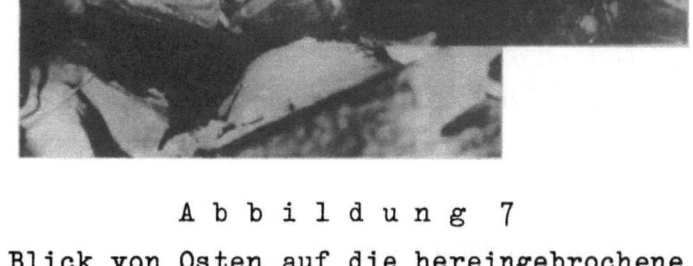

Abbildung 7
Blick von Osten auf die hereingebrochene
Reihe 159

ausfüllung, die Schichten querschlägig durchsetzten. Die mit dem voreilenden Strebdruck verbundene Schubbewegung zum Strebhohlraum hin hatte die untersten Dachschichten von der östlichen, vom Streb wegfallenden Kluft, die offenbar nicht von den Ankern der Reihe 159 durchstoßen war, abgelöst, und zwar am südlichen Streckenrand. Die Schubhemmung durch die Anker 1 - 3 wurde hier offenbar zunächst noch wirksam, so daß der Bruch erst um die Anker 4 und 5 herum fiel, wobei anschließend Anker 3 mitgezogen wurde. Im westlichen Teil des Bruches, entsprechend der hier intensiveren Strebwirkung und der Zerstörung des festen Auflagers in der Kohle, lösten sich auch die Anker 1 und 2 aus ihrem Widerlager. Das Schichtenpaket kippte jedoch im Ganzen um die vom letzten Türstock gebildete Kante, wobei die Anker der Reihe 152, die wohl ein wenig die Kluft durchstoßen hatten, allmählich aus den stehenbleibenden Schichten herausgezogen wurden.

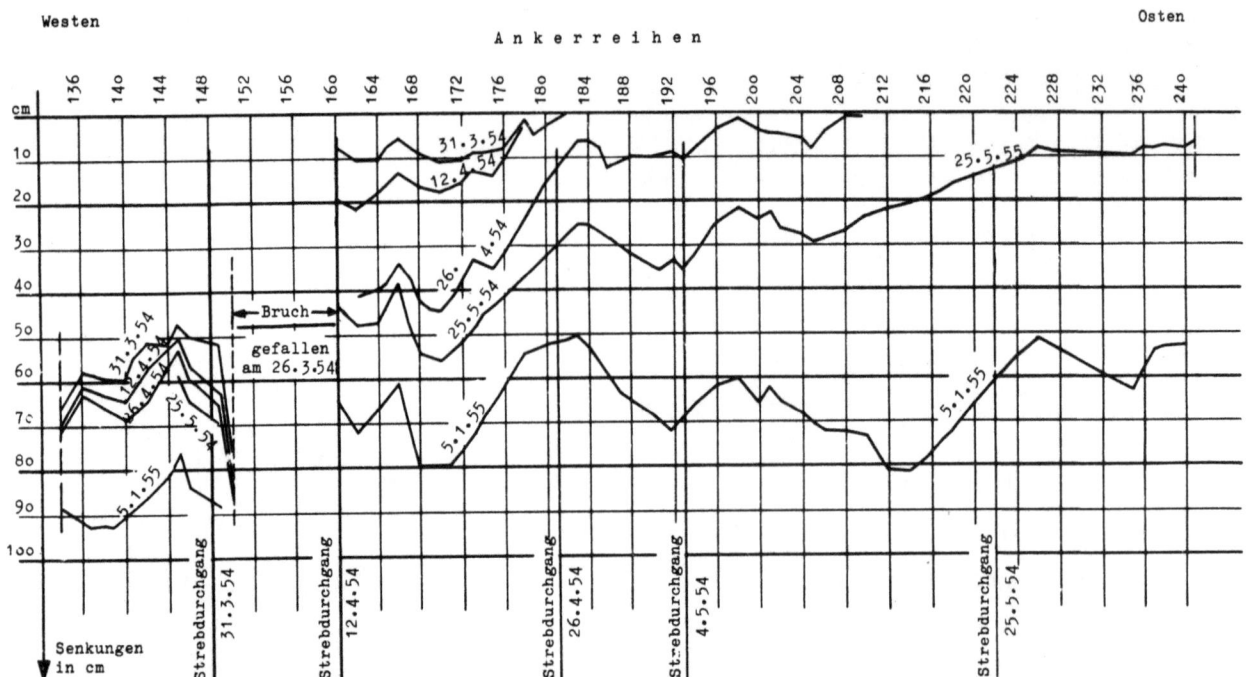

Abbildung 8

Längsnivellement der Oststrecke zeigt örtliche Mehrsenkung des Streckenhangenden weit vor dem Streb

Die gegenfallenden Klüfte mit Mineralausfüllung, die, wie erwähnt, am Flözdach nicht erkennbar waren, wurden bei diesem Bruch erstmals festgestellt. Nun fand sich auch eine Erklärung dafür, daß in dem Längsnivellement des Streckenhangenden der Oststrecke immer schon weit vor dem Streb eigenartige örtliche Mehrsenkungen aufgetreten waren (s. Abb. 8). Hier handelte es sich offenbar um den Beginn des Absinkens von "Sargdeckeln". Die Hohlraumwirkung der Strecke, das Durchbiegen des Streckenbalkens, wurde durch das Ablösen der Sargdeckel unterstützt. Die örtlichen Mehrsenkungen wurden auch nach dem Strebdurchgang nicht ausgeglichen.

Es ist verständlich, daß die Betriebsführung nunmehr damit begann, die Strecke noch mehr durch zusätzlichen Ausbau zu sichern. Die Oststrecke war ja keine Rückbaustrecke. Sie war wohl lange Zeit vor dem Abbau aufgefahren worden, mußte jedoch bis zum Schluß aufrechterhalten werden. Während in der Weststrecke dieses Aufrechterhalten überhaupt keine Schwierigkeiten gemacht hatte, selbst monatelang nach erfolgtem Abbau noch nicht, mußten in der Oststrecke die größten Bedenken auftreten.

Forschungsberichte des Wirtschafts- und Verkehrsministeriums Nordrhein-Westfalen
___

Für die Untersuchungsarbeiten brachten diese Ergebnisse und die darauf folgenden Beschlüsse große Erschwernisse. Immerhin war man um manche Erkenntnisse reicher geworden. Sie wurden vermehrt durch die beim Abbau des unteren Strebs gewonnenen Erfahrungen.

Dieser Streb wurde im September 1954, einige Wochen vor dem Auslaufen des oberen Oststrebs, wiederum an der westlichen Störung, angesetzt und in der gleichen Weise betrieben wie der obere (s. Abb. 1).

Die Untersuchungsstrecke war nunmehr Kopfort. Da inzwischen die für die Beobachtungen eingestellte Hilfskraft ausgeschieden war, konnten diese nicht mehr so intensiv durchgeführt werden.

Die Maihak-Geber blieben jeweils so lange angeschlossen, bis der Abbau sie erreicht hatte und dann schleunigst ausgebaut, um sie nicht der Gefahr der Zerstörung auszusetzen.

Bemerkenswerterweise waren in der westlichen Strecke auch beim zweiten Durchgang vor dem Streb keine wesentlichen Druckerscheinungen zu beobachten. Die Strecke blieb in einem guten Zustand. Zur Sicherung des Strebausganges wurden bis etwa 10 m vor dem Streb in der Strecke Mittelunterzüge geschlagen, die jeweils etwa 10 m hinter dem Streb zusammen mit dem restlichen Polygonausbau geraubt wurden.

Während anfänglich am Unterstoß feste Holzkästen gesetzt worden waren, versuchte man es dann eine zeitlang mit Wanderkästen. Nach dem Wegnehmen dieser Kästen und dem Fallen des Bruches im Streb traten Erscheinungen auf, die in Lichtbildern festgehalten sind (s. Abb. 9 - 12).

Das Hangende legte sich am Unterstoß auf und hielt am Oberstoß, in den Seilen hängend, zunächst einen Dreiecksraum offen, durch den noch Wetter nach hinten und oben abziehen konnten. Das Seil war dabei an den zum inzwischen fest gewordenen Auflager übergeneigten Ankern 4 und 5 verspannt. Die Schichten des Flözdaches zerbrachen bei diesem Vorgang in große Schollen und setzten sich an zwischen den Ankerreihen, also querschlägig, aufreißenden Rissen ab.

Anschließend wurden wieder feste Holzkästen gesetzt, um das Verhalten des Ankerausbaus bei diesem Verfahren prüfen zu können.

Es ergab sich, daß nunmehr die Strecke bis zu 15 m hinter dem Sicherungsausbau, der 10 m hinter dem Streb gehalten wurde, vollständig offen blieb.

Abbildung 9
Nachsinken des Hangenden nach Durchgang des unteren Strebs.
Streckenhohlraum am Oberstoß

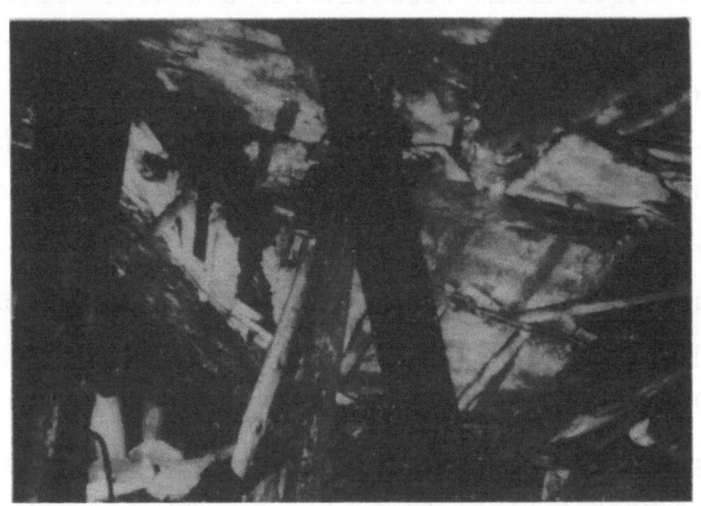

Abbildung 1o
Nachsinken des Hangenden nach Durchgang des unteren Strebs.
Abriß zwischen den Ankerreihen

Das Hangende riß zwischen den Ankern 4 und 5 längs durch und senkte sich hier ein, um später vollkommen hereinzubrechen, und zwar dann, wenn auch der Bruch im oberen Strebteil gefallen war. Der Strebbruch blieb, wie betont werden muß, meistens ebenfalls etwa 2o - 25 m im oberen Strebteil zurück.

Abbildung 11

Nachsinken des Hangenden nach Durchgang des unteren Strebs.
Abkippen der Mittelscholle nach hinten

Abbildung 12

Hangendes am Unterstoß bei Durchgang des unteren Strebs

Auch jetzt erfolgte das Absetzen des Hangenden an Rissen zwischen den Ankerreihen, sowie am Streckenrand. Stellenweise konnte man das Absetzen ganzer verankerter Schichtenpakete beobachten.

Merkwürdigerweise konnte in der Weststrecke kein ausschlaggebend anderes Verhalten der nicht verankerten Streckenteile, die ja stark ausgebaut waren, gegenüber den verankerten Teilen beobachtet werden.

A b b i l d u n g 13
Abriß des Hangenden bei Durchgang des unteren Strebs in
der Oststrecke mit Abkippen des Ankers 1 zum Streb hin

Beim Übertritt des unteren Strebs in die Oststrecke wurde diese laufend nachgebrochen und stark gesichert. Man konnte beobachten, daß die in den Strebraum überragenden Anker 1 mit ihrem Widerlager in den offenen Streb abzukippen versuchten, wobei das Ankerseil, das vorher glatt am Streckenhangenden gelegen hatte, mit hochgezogen wurde, wenn das Hangende am Anker 1 ausgebrochen war (s. Abb. 13).

Die Abbildung 13 zeigt auch die Absetzrisse des Streckenhangenden an den Streckenrändern.

Messungen konnten beim Durchgang des unteren Strebs nicht mehr durchgeführt werden, da sämtliche Festpunkte inzwischen verlorengegangen waren. Sie wären auch bei der starken Sicherung der Strecke wenig sinnvoll gewesen. Irgendwelche für das Thema aufschlußgebende Ergebnisse hätten sie nicht bringen können.

Alles in allem kann man zunächst einmal feststellen, daß die Verankerung der Strecke in der westlichen Rückbaustrecke keine negativen Ergebnisse gebracht hat, in der östlichen Vorbaustrecke dagegen zweifellos keinen Erfolg.

Ganz offenbar waren die geologischen Bedingungen in der Weststrecke günstiger als im Osten. Nicht vergessen werden darf allerdings, daß sie von Anfang an mit wesentlich größerer Höhe aufgefahren war und schon deshalb nach Absenkung des Hangenden leichter einen betrieblich ausreichenden Querschnitt halten konnten. Zudem war das Einbringen der Anker in der

Forschungsberichte des Wirtschafts- und Verkehrsministeriums Nordrhein-Westfalen

Weststrecke von einem sorgfältig überwachten und geschulten Sondertrupp geschehen, in der Oststrecke vom Unternehmer bei beschleunigter Streckenauffahrung.

Aber ein anderer Grund für den Mißerfolg in der Oststrecke wurde bei der Auswertung der Erfahrungen gefunden, die man bei dem Streckenbruch vom März 1954 gemacht hatte. Die Hauptklüfte im Hangenden hatten, wie Abbildung 1 zeigt, nicht sehr steiles östliches Einfallen. Die Weststrecke ist nun von Osten nach Westen aufgefahren worden. Dabei hatte das Streckendach nach dem Auskohlen, auch noch nach dem Aufschießen des Liegenden, ein Auflager auch am Ortsstoß, von dem es sich nicht lösen konnte. Rückwärts war es außerdem durch die starken Türstöcke in ausreichendem Maße abgestützt, da die Klüfte nur in größeren Abständen auftraten.

In der von Westen nach Osten aufgefahrenen Oststrecke dagegen konnte schon beim Auskohlen unter den sozusagen untergesteckten Klüften ein geringes Ablösen der Dachschichten von diesen Klüften erfolgen (s. Abb. 5). Die für einen Ankerausbau so wichtige Bedingung, daß die Verankerung zu geschehen habe, bevor irgendwelche Hangendbewegung eingetreten sei, war deshalb nur sehr unvollkommen einzuhalten. Aus dem Längsnivellement der Abbildung 8 möchte man schließen, daß solche örtlichen Absenkungen, wenn auch in geringem Ausmaße, für den schlechten Zustand des Hangenden schon gleich bei der Auffahrung der Oststrecke verantwortlich gewesen sind und damit zu einem Teil auch für den Mißerfolg der Verankerung in dieser Strecke.

Ein Umstand jedoch wurde von allen Beteiligten bereits beim Auftreten der ersten Schwierigkeiten beim Abbau in der Oststrecke als gegen die allgemeine Anwendung einer Verankerung sprechend erkannt: Die Notwendigkeit, beim Hobelbetrieb einen breiten Vorlüfter als Hobelstall vorzusetzen, führt im Strecken- und Strebdach an dieser Stelle wegen der Unmöglichkeit, es vor dem Durchgang des Hobels mit einem Holzkasten zu sichern, zu allzu starken Störungen des Gleichgewichts. Der Bruch von Mitte Februar 1954 war bezeichnend dafür. Nur bei wirklich guten Hangendschichten würde der Betriebsmann ein solches Risiko auf sich nehmen. Man wird sich demnach in allen andern Fällen um eine ausreichende Sicherung des Vorlüfters bemühen müssen, wenn man zu einer allgemeinen Anwendung der Gebirgsverankerung auch beim Hobeln kommen will. Das sei den nachstehenden Erörterungen vorweggenommen.

Es wäre noch zu untersuchen, welche weiteren, und zwar ausschlaggebenden

Gründe, zur Deutung der hier gemachten Erfahrungen und zur Klärung der uns gestellten Aufgabe herangezogen werden können. Das soll in den nächsten Abschnitten geschehen an Hand der gemessenen Beobachtungen. Wenn alle wesentlichen Gründe für die Schwierigkeiten gefunden werden können, die wir mit der Verankerung der Oststrecke gehabt haben, dürfte auch der Weg geöffnet sein zu einer durchgreifenden Lösung der gestellten Aufgabe.

IV. Auswertung der Ergebnisse der Spannungsmessungen

Bei Beginn der Untersuchungsarbeiten war man sich in Fachkreisen durchaus nicht klar darüber, ob die Aufrechterhaltung einer Abbaustrecke mit Hilfe von Gebirgsankern lediglich ein Problem eines auf mehr oder weniger festen Auflagern ruhenden Plattenbalkens sei, oder im wesentlichen von der aus dem Strebhohlraum heraus ausgelösten Schubbewegung beeinflußt wurde. Die Theorie, daß es sich beim Verankern um ein Aufhängen der Dachschichten an einem festen Haupthangenden handele, hatte man im Ruhrgebiet schon früh aufgegeben, weil sie für die Verhältnisse in einer Abbaustrecke nicht sinnvoll gewesen wäre.

Während nun die Arbeiten von O. JACOBI und H. MIDDENDORF mehr in die Richtung der Balkentheorie zielten (3), schien dem Berichterstatter in Abhängigkeit von der Schubfestigkeit die dynamische Schubbewegung der einzelnen Schichten zum Strebhohlraum hin für den Ankerausbau von ausschlaggebender Bedeutung zu sein (5). Auch GRÄBSCH hat sich später im allgemeinen dieser Auffassung angeschlossen (6, 7).

Eine der wesentlichen Aufgaben der Untersuchung war deshalb die Klärung dieser strittigen Frage. Von ihr schien die Möglichkeit des Verankerns einer Rückbaustrecke in Bezug auf <u>Sicherheit und Wirtschaftlichkeit</u> erheblich abhängig zu sein.

In Übereinstimmung mit der Bergbehörde wurden deshalb die verschiedenen Ankerstellungen in der Strecke angeordnet. Ihre Wirksamkeit sollte nicht allein durch Beobachtung der sichtbaren Druckerscheinungen, also des Aufrechtstehens der Strecke, überprüft werden, sondern insbesondere durch Messung der Spannungen, die von den verschieden gesetzten Ankern beim Vorübergehen des Abbaus aufgenommen wurden, weil die Spannungsaufnahme unbestritten von allen Fachleuten als Kriterium für das Ansprechen der Anker anerkannt zu werden schien.

Forschungsberichte des Wirtschafts- und Verkehrsministeriums Nordrhein-Westfalen
---

Oben wurde bereits erwähnt, daß die Versuche, die Spannungen auf einfachste Weise mit den Meßankern von JAHNS zu erfassen, fehlgeschlagen sind. Bessere Ergebnisse jedoch wurden mit dem Dehnungssaiten-Meßgerät der Firma Maihak erzielt. Sie sind durchaus geeignet, gültige Aussagen über die Beanspruchung der eingesetzten Anker zu machen, und sollen im folgenden an Hand der in den Abbildungen 14 - 21 aufgezeichneten Spannungskurven untersucht werden.

In diesen Darstellungen ist in der Waagerechten, vom Zeitpunkt des Strebdurchgangs durch die Ankerreihe ausgehend, ein Maßstab für den Abstand des Strebs von der Ankerreihe, gleichzeitig für die Zeit der Beobachtung, abgetragen. Die Tage der Arbeitsruhe sind nicht berücksichtigt. In der Senkrechten ist die Zugbelastung abzulesen.

Die unmittelbaren Meßergebnisse an allen 5 Ankern der einzelnen Reihen, ausgehend von der den Ankern gegebenen Vorspannung (die übrigens mit Absicht sehr gering gehalten worden war, weil man befürchtete, man könnte die Geber bei allzu starkem Anziehen verwinden) sind, soweit es die Weststrecke betrifft, nicht dargestellt worden. Sie sind vielmehr, um die Vorspannung reduziert, für die Anker 1 und 2 (am Unterstoß) sowie 4 und 5 (am Oberstoß) zusammengefaßt und gemittelt worden. Nur die Spannung des mittleren Ankers 3 ist einzeln dargestellt. Es soll damit eine Untersuchung darüber ermöglicht werden, ob etwa grundsätzlich am Unterstoß, mit den vom Streb abgeneigten Ankern, größere Spannungen auftreten als am Oberstoß mit den dem Streb zugeneigten Ankern. Außerdem soll mit dieser Darstellung eine bessere Übersicht gewonnen werden. Für die Gruppe 138/139 in der Oststrecke allerdings sind die reduzierten Spannungen jedes einzelnen Ankers aufgezeichnet.

In der Gruppe 214/215 west nun zeigen die Einzelmessungen, die hier nicht dargestellt sind, daß längere Zeit nach Beginn des Abbaus an der Störung das Gebirge zunächst noch ziemlich steif war. Nur der Anker 3 erfuhr beim Strebdurchgang durch Reihe 215 eine geringe Belastung, die dann ständig, aber nicht viel, zunahm. Der Anker 5, ziemlich steil stehend, schnellte etwa 20 m nach Strebdurchgang in beiden Reihen plötzlich etwas hoch, um bald wieder abzufallen. Es handelte sich hierbei offenbar um eine örtliche Bewegung.

Wichtig ist, was aus den Abbildungen 14 und 15 besonders deutlich ersichtlich ist, daß eine erhebliche Belastungszunahme bei den Ankern 1 und 2 sowie 3 erst dann erfolgte, als der Streb bereits rd. 75 m hinter den Reihen und somit über 80 m von der Störung entfernt stand. In der Mitte des Monats Oktober 1953 trat das ein. Die Anker 4 und 5 jedoch zeigten in der ganzen Zeit keine wesentliche Spannungszunahme.

Ungefähr um die gleiche Zeit begann bei der Reihe 156 west die Spannung in den Ankern 1 und 2 anzusteigen (s. Abb. 16 und 17). Bei der Reihe 157 west geschah das schon etwas früher (hier wurde auch der Anker 3 erfaßt). Daraus kann vielleicht folgendes geschlossen werden:

Eine größere Bewegung des Hangenden in der Strecke und damit Spannungsentwicklung setzte trotz oder wegen des Bruchbaus erst ein, als der Streb bereits über 70 m vorgeschritten war. Die Belastung erreichte zunächst die Nachbarschaft der Reihe 157 west, in deren Nähe der Streb stand, bis auch die Reihe 156 west mithelfen mußte und gleichzeitig der westliche Teil der Strecke in Anspruch genommen wurde.

<u>Man darf also annehmen, daß nach dem Abbau einer ungefähr 70 - 80 m breiten Fläche eine entsprechend große Fläche der Hangendschichten in eine Bewegung von entscheidender Bedeutung geraten ist.</u>

Von diesem Zeitpunkt an war offenbar das Gebirge nicht mehr so "steif", die Spannungen nahmen laufend zu, bis zu einer Spitze Anfang November ansteigend und dann einen Ruhestand erreichend, bzw. abfallend.

Es zeigt sich, daß die weiter östlich liegenden Reihen eine gewisse Spitzenbeanspruchung einzelner Anker beim Durchgang des Strebs erfuhren. So bei den Reihen 100 und 99 west.

Eines aber ergibt sich aus den Darstellungen ganz einwandfrei: In der Weststrecke erlitten die zum Streb übergeneigten Anker (Nr. 4 und 5) im wesentlichen keine Beanspruchung, wenn man von den Spitzen beim Strebdurchgang in den Reihen 100 und 99 west absieht. Durchweg erfuhren sie eine Entlastung, d.h. sie wurden praktisch nicht aktiv. Beansprucht wurden hier in maßgeblichem Umfange nur die zum festen Auflager übergeneigten Anker 1-3.

Das stimmt überein mit der Beobachtung, daß zu einem gewissen Zeitpunkt von rd. 310 steil bzw. mit nördlichem Einfallen gesetzten Ankern 60 bereits locker geworden waren.

Leider war der Maihak-Geber an dem in der Reihe 99 west ungefähr bankrecht angebrachten Anker Nr. 4 defekt, man hätte aus seinem Verhalten vielleicht einige Schlüsse ziehen können.

Interessant ist auch die aus den Abbildungen 18 und 19 hervorgehende Tatsache, daß die Anker 4 und 5 in der Reihe 100 west und der Anker 5 in der Reihe 99 west nach dem Rauben des Ausbaus und der damit eingetretenen Belastung des Unterstoßes recht beachtliche Spannungen aufnahmen, jetzt also schubhemmend in Tätigkeit traten.

Während der ganzen Ruhezeit in der Weststrecke trat dann in den Spannungsbildern keine wesentliche Änderung mehr ein. Aber auch, als der untere Streb im Herbst 1954 anlief, zeigten die Anker keine Belastungsänderung mehr an, jedenfalls bis zu ihrem Ausbau nicht. Dieser mußte leider immer erfolgen, bevor der Streb die betr. Reihe erreicht hatte, weil man die kostbaren Maihak-Geber nicht dem Verlust preisgeben wollte. (Dem wären sie, weil ja die Strecke später zu Bruch ging, natürlich verfallen gewesen).

Für die in der Oststrecke, bei den Reihen 138 ost und 139 ost, eingesetzte Gebergruppe sind die Spannungen jedes einzelnen Ankers in den Abbildungen 20 und 21 dargestellt worden.

In der Reihe 138 ost, mit durchweg zum festen Stoß übergeneigten Ankern, erfolgte eine erhebliche Lastaufnahme des Ankers 2, beginnend bereits vor dem Strebdurchgang bis zu über 6 t. Anker 1 und 3 stiegen nach dem Strebdurchgang lediglich bis auf 2 t Belastung, wobei Anker 1 zwischendurch einmal, offenbar beim Rutschen, die Spannung verlor. Die Anker 4 und 5 nahmen kaum Last auf.

Die Reihe 139 ost zeigt Lastaufnahme vor dem Strebdurchgang für die Anker 2, 4 und 5, dann aber ein vollkommen unregelmäßiges Bild, besonders nachdem der Anker 4 infolge Zerstörung des Hangenden ausgefallen war.

Die starke Zerstörung der Dachschichten ist wohl der Grund dafür, daß in der Oststrecke aus den Spannungsmessungen keine Gesetzmäßigkeit der Spannungsaufnahme abgeleitet werden kann.

Aus den Beobachtungen mit dem Maihak-Meßgerät darf also gefolgert werden:

<u>Solange das Flözdach einigermaßen intakt bleibt, ist bei einseitigem Abbau damit zu rechnen, daß die zum festen Auflager geneigten Gebirgsanker beim Vorbeigehen des Abbaus Spannung aufnehmen und diese auch behalten. Auch bei weniger gutem Hangenden sprechen so gesetzte Anker auf den Absenkungsvorgang durch Spannungsaufnahme an.</u>

Forschungsberichte des Wirtschafts- und Verkehrsministeriums Nordrhein-Westfalen

Darstellung der Spannungsmessungen mit dem Maihak-Gerät

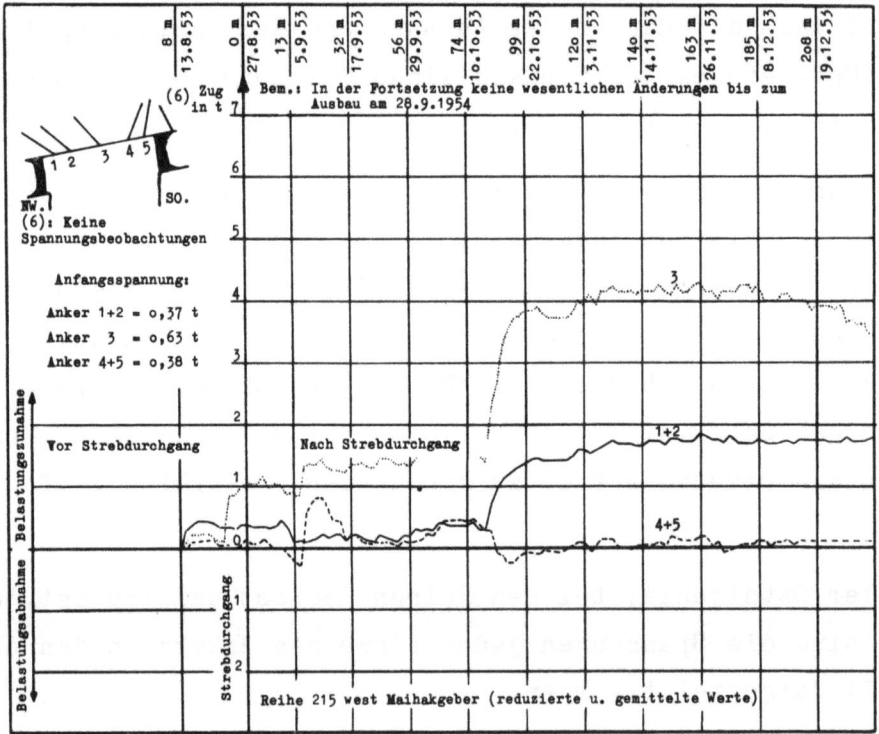

Abbildung 14

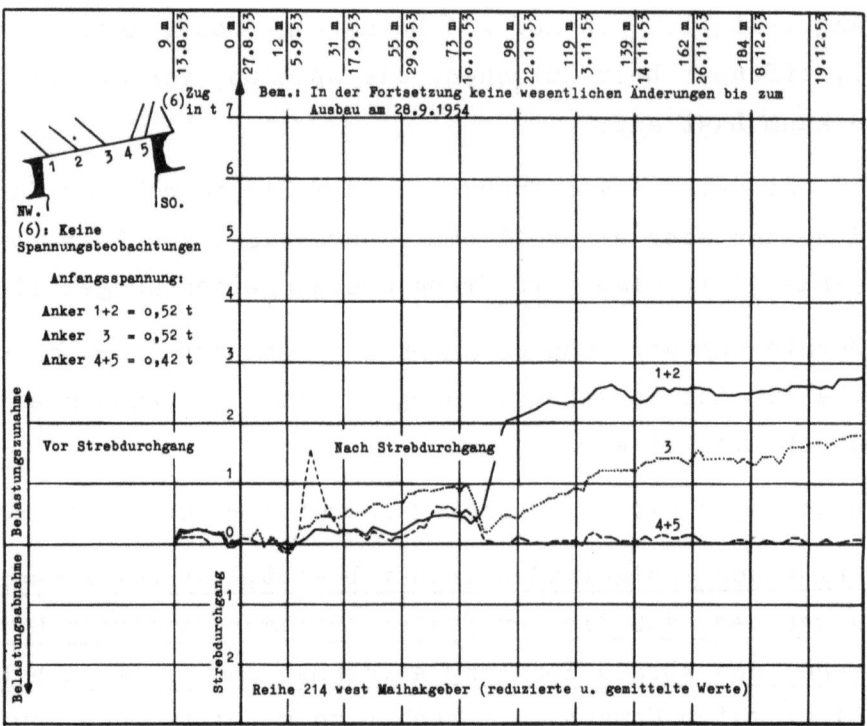

Abbildung 15

Seite 38

Darstellung der Spannungsmessungen mit dem Maihak-Gerät

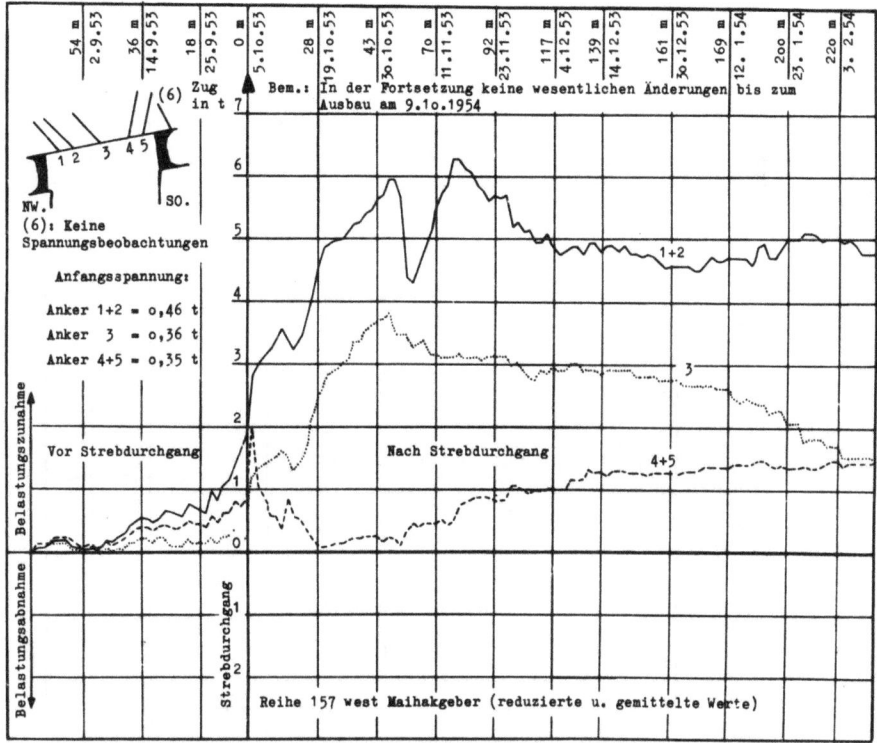

Abbildung 16

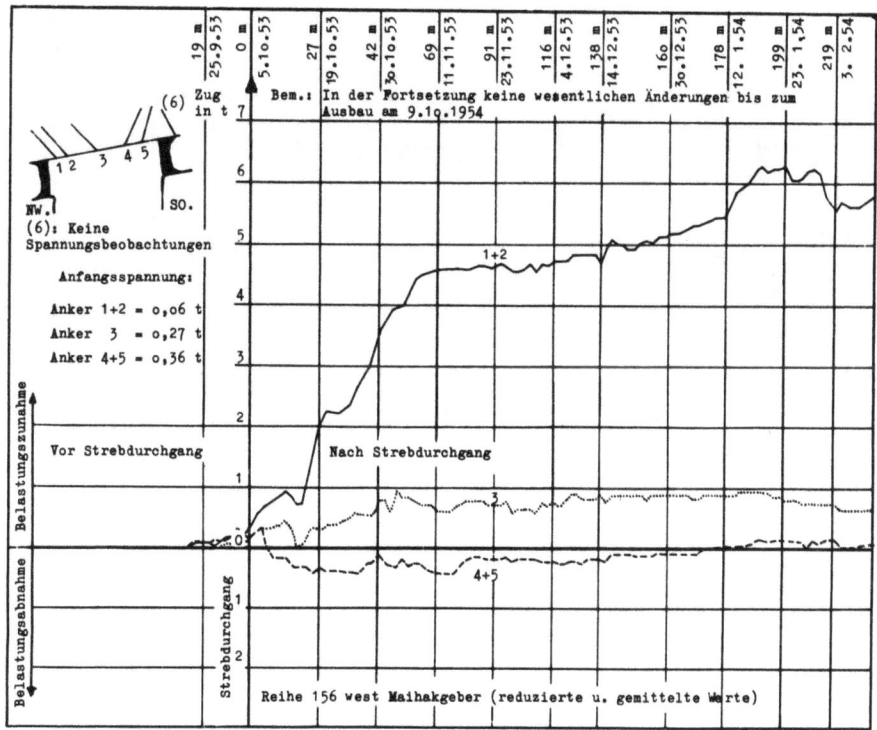

Abbildung 17

Forschungsberichte des Wirtschafts- und Verkehrsministeriums Nordrhein-Westfalen

Darstellung der Spannungsmessungen mit dem Maihak-Gerät

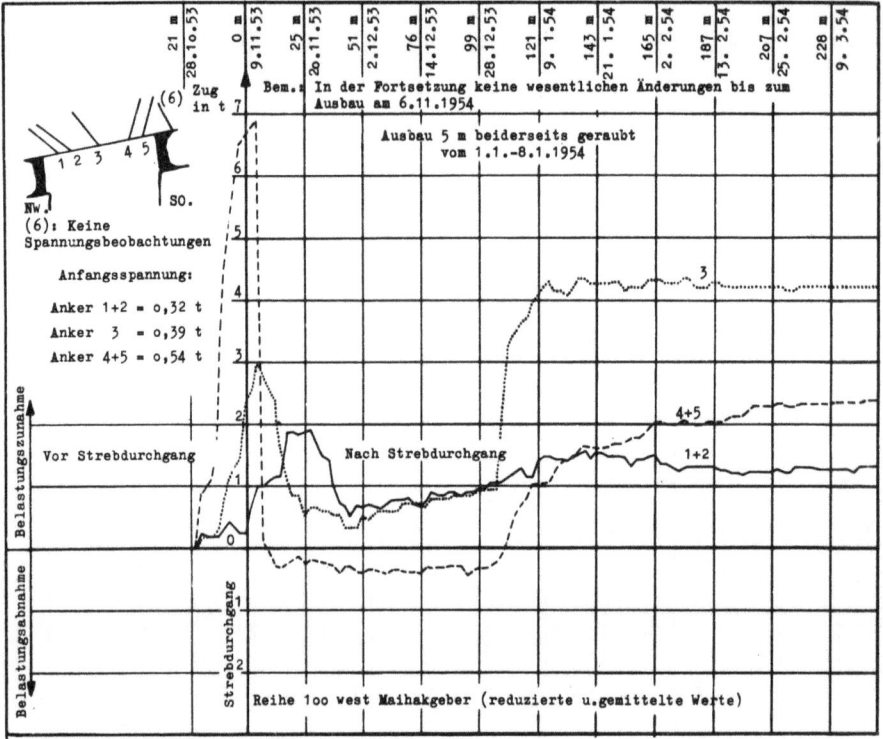

Abbildung 18

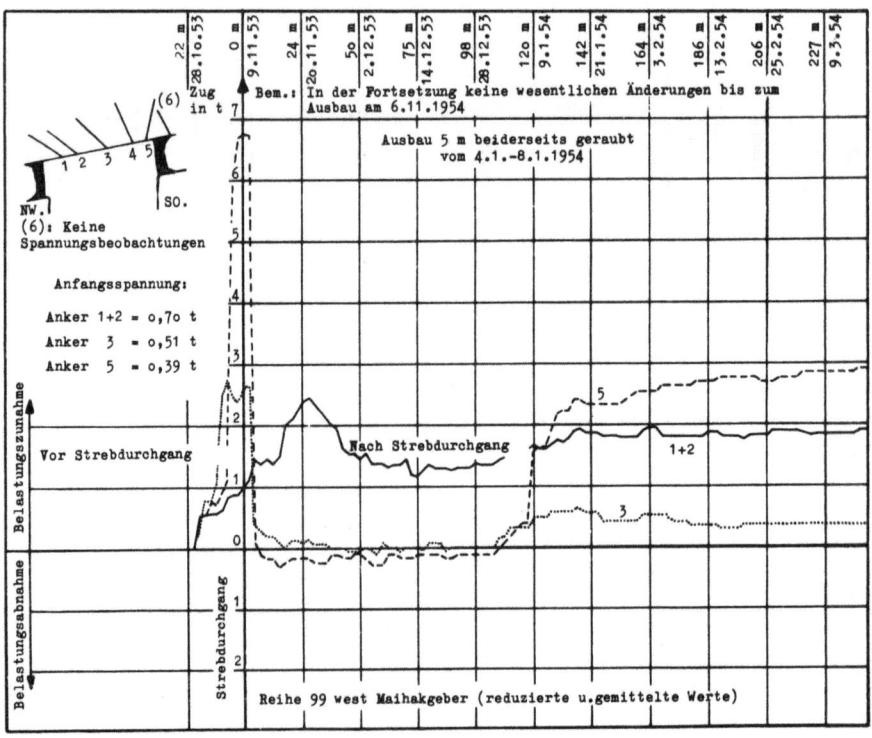

Abbildung 19

Darstellung der Spannungsmessungen mit dem Maihak-Gerät

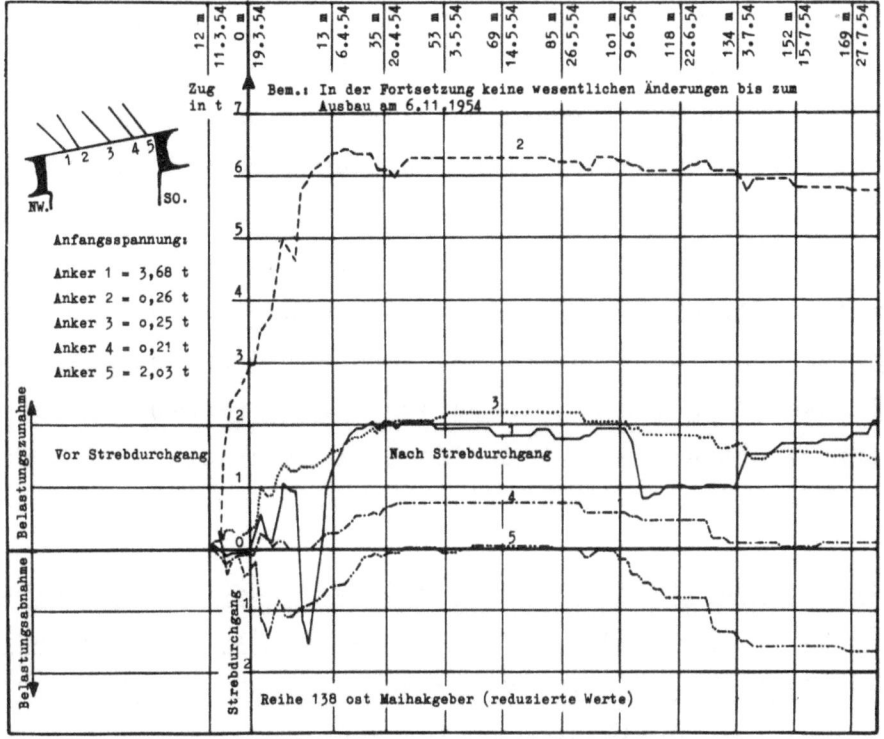

Abbildung 20

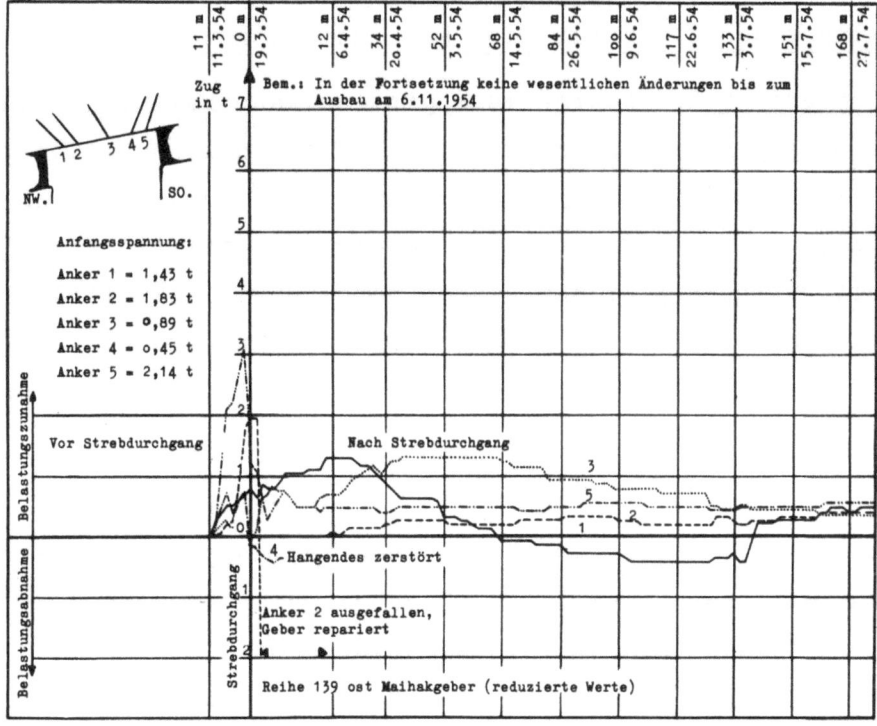

Abbildung 21

Infolge des Umstandes, daß die Maihak-Spannungsmesser kurz vor dem Durchgang des unteren Strebs ausgebaut werden mußten, konnte leider nicht beobachtet werden, ob das Streckenhangende und die in ihm angebrachten Anker auf eine gegengerichtete Beanspruchung ebenso gesetzmäßig reagieren würden, wie sie es in der Weststrecke beim ersten Abbau getan haben. Die Voraussetzungen dafür waren nach unserer Meinung durchaus gegeben. Denn bis dahin war an den Streckenstößen keine Zerstörung zu bemerken, die den Zusammenhang mit dem Strebhangenden unterbrochen hätte. Insofern waren immer noch ähnliche Bedingungen gegeben, wie vorher. Es dürfte interessant sein, solche Messungen zu wiederholen, wenn auf Grund unserer Untersuchungen die Möglichkeiten gegeben sein werden, ein Streckenhangendes mit Hilfe des Gebirgsankerausbaus bis nach dem zweiten Strebdurchgang aufrecht zu erhalten.

V. Überlegungen über die gebirgsmechanischen Vorgänge beim einseitigen Abbau längs einer Flözstrecke in Bezug auf die Verankerung des Streckenhangenden an Hand des Betriebsablaufs und der Beobachtungen, sowie an Hand von Modellen

1. Die Beanspruchung von Gebirgsankern, wie man sie sich an Hand von einfachen gebirgsdynamischen Vorgängen und statischen Betrachtungen im Streckenquerschnitt vorstellen kann und allgemeine Folgerungen

Im Steinkohlenbergbau des Ruhrgebiets gibt es kaum Fälle, in denen der Abbau beiderseits einer Flözstrecke gleichzeitig und so geführt würde, daß eine vollkommene Symmetrie gegeben wäre. Fast immer eilt ein Streb dem andern um 30 - 50 m vor oder aber es wird der zweite Streb in einem so großen Zeitabstand hinter dem ersten hergeführt, daß die Gebirgsbewegungen aus dem ersten Abbau als abgeschlossen gelten müssen. In beiden Fällen, den Regelfällen, muß man von einem einseitigen Abbau sprechen.

Beim Beginn der Versuche auf der Schachtanlage Constantin 4/5 hatte man sich diesseits, losgelöst von den Anschauungen anderer Autoren, Gedanken darüber gemacht, welche gebirgsmechanischen Vorgänge für die Wirkung von Gebirgsankern bei einseitigem Abbau maßgebend sein könnten. Das Ergebnis der damaligen theoretischen Überlegungen wurde der Bergbehörde im Oktober 1952 vorgelegt (5) und sei hier an Hand der Abbildung 22 erläutert.

Der auf das feste Auflager - in der Abbildung rechts - wirkende Kämpferoder Randstauchungsdruck löst in den Dachschichten eine Schubbewegung zum

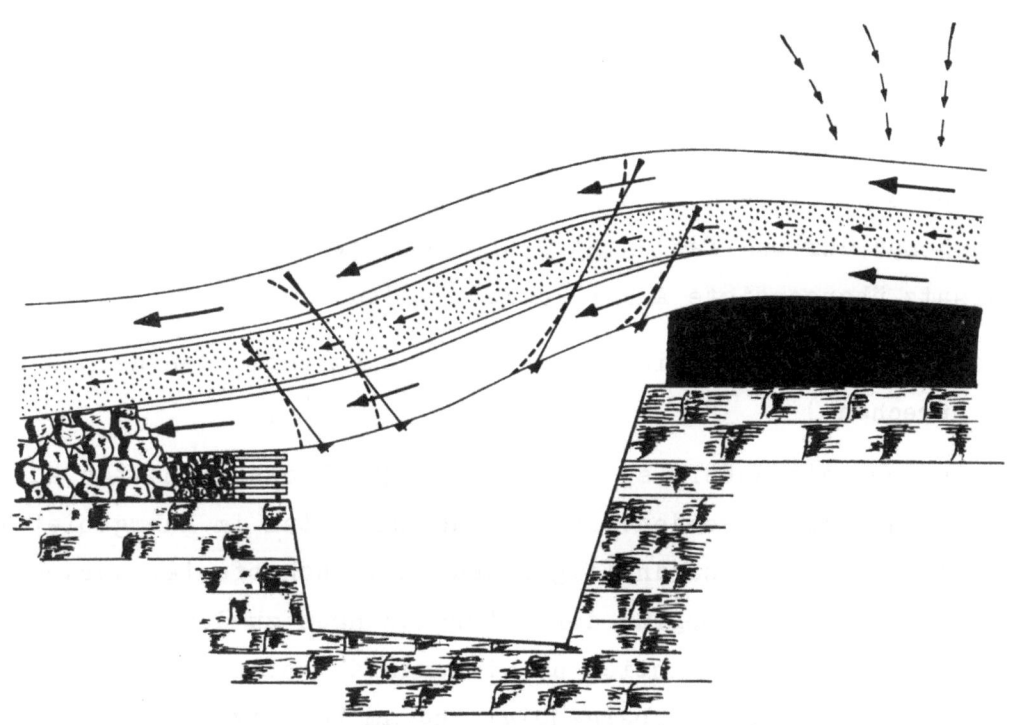

Abbildung 22

Schematische Darstellung von gebirgsmechanischen Schubbewegungen
in den Dachschichten bei einseitigem Abbau und deren Einwirkung
auf verschieden gestellte Anker

Abbauhohlraum aus. In schubfesten Schichten wandern dabei die Gebirgsteilchen weniger als in weniger schubfesten.

In der Abbildung 22 ist eine weniger feste Dachschicht von einer sehr festen und diese wieder von einer weniger festen überlagert. Die Pfeile in den Schichten deuten die mehr oder weniger große Schubbewegung an (es sei gleich hier bemerkt, daß die 1952 entworfene Abb. insofern einen Fehler enthält, als über dem Holzkasten am Versatzstoß keine Aufblätterung der Schichten erscheinen dürfte).

Ein am festen Stoß zu diesem überneigend angebrachter Anker, der in der mittleren Schicht eingeklemmt ist, wird - entsprechend der gestrichelten Linie - gelängt. Er nimmt also Spannung auf und kommt zur Wirkung. Geht er durch bis in die obere weichere Schicht, so wird er ebenfalls gelängt, aber auch mehr verbogen als im ersten Fall. Unter Umständen bleibt er neutral.

Ein am Versatzstoß zu diesem übergeneigter Anker, der in der festen Schicht verklemmt ist, wird verkürzt, er wird locker. Geht er bis in die obere

Schicht, so kann sich die Verkürzung aufheben, dann bleibt der Anker auch hier neutral bzgl. seiner zusätzlichen Zugbeanspruchung.

Die Neutralisierung der längeren Anker wird nicht eintreten, wenn die obere "weiche" Schicht relativ schubfester ist als die unterste Dachschicht. Dann muß der zum festen Stoß übergeneigte Anker Zug bekommen und der zum Versatz übergeneigte Anker locker werden.

(Genau genommen muß man von einem Länger- oder Kürzerwerden der Ankerbohrlöcher sprechen.)

Bankrecht eingebrachte Anker, so wurde s.Zt. geschlossen, müßten auf jeden Fall auf Zug beansprucht werden. Da die Dachschichten im Ruhrgebiet in der Regel von unten nach oben sandhaltiger und damit schubfester werden, so glaubte man sich hier vor Beginn der Untersuchungen zu der Annahme berechtigt, daß die Anker wahrscheinlich am wirkungsfähigsten sein würden, wenn sie am festen Stoß zu diesem übergeneigt und am Versatzstoß möglichst bankrecht eingebracht würden. Entsprechend waren die Anker dann versuchsweise gemäß Abbildung 2 und 3 gesetzt worden. Auch GRÄBSCH (7) vertrat später auf Grund seiner Beobachtungen auf der Zeche Neumühl eine ähnliche Auffassung.

<u>Wir werden sehen, daß diese Überlegungen gewisse Mängel hatten.</u>

Die Abbildung 23 zeigt Darstellungen des Hangenden in den Reihen 70 west, 187 west, 48 ost, 49 ost, 139 ost und 178 ost. Hier sind die Ankerenden vor und nach dem Strebdurchgang in ihrer Höhenlage eingemessen worden.

Über die Reihen 48/49 ost war der Streb bei der dargestellten Wiederholungsaufnahme etwa 20 m hinweg, bei Reihe 70 west etwa 38 m, also in dem für den Rückbau interessanten Abstand. Bei den übrigen Reihen war der Absenkungsvorgang praktisch beendet. Bei 187 west und 48/49 ost war auch nur der leichte Holzausbau teils mit anschließend geraubten, teils mit bleibenden Mittelunterzügen eingebracht, während bei den übrigen Reihen in der Oststrecke eine Sicherung der Strecke durch Eisenkappen und Mittelstempel erfolgt war.

Bei 48/49 ost und 139 ost sind die kürzeren Anker an der Strebseite, wie allgemein in der Oststrecke, steil gesetzt, während sie in Reihe 178 ost alle gleich lang (1,30 m eingespannt) vom Streb weg übergeneigt sind. Hier waren es Jahns'sche Meßanker, die etwas über die Wirkung einer einzelnen

Forschungsberichte des Wirtschafts- und Verkehrsministeriums Nordrhein-Westfalen

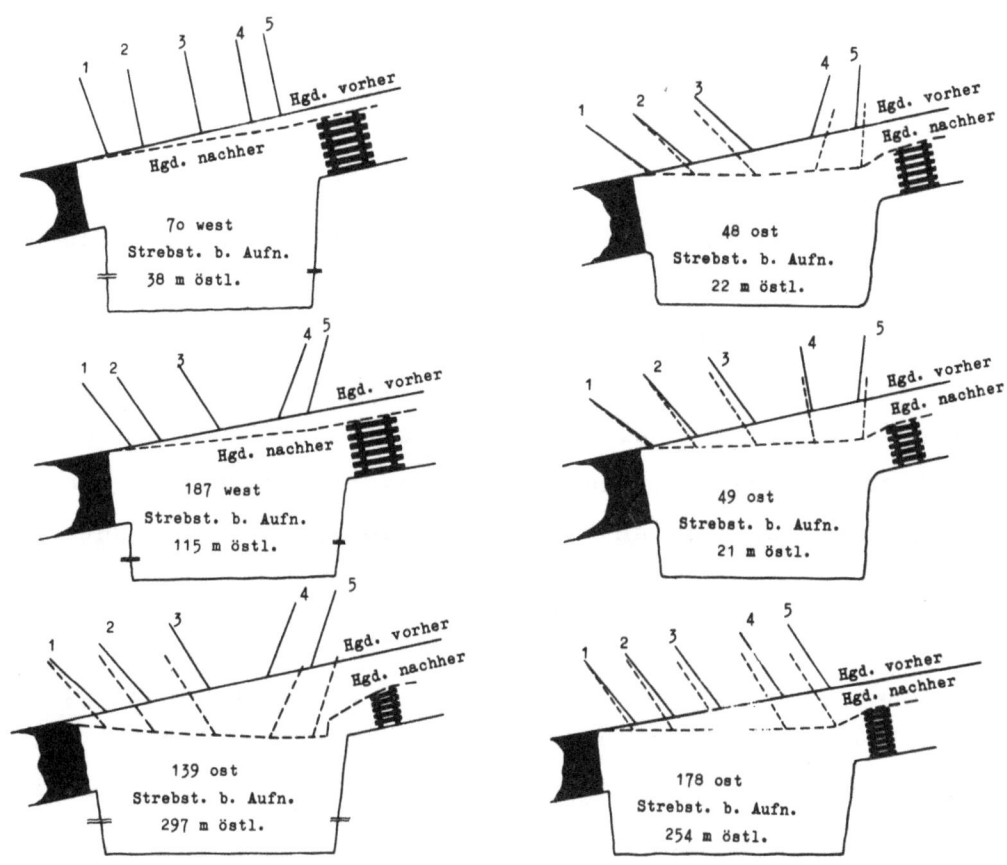

Abbildung 23
Absinken des Hangenden in verschiedenen Querschnitten
der West- und Oststrecke

so angeordneten Reihe aussagen sollten, jedoch bei der eingetragenen starken Verkrümmung nicht ansprechen konnten.

Solche 1,3o m lang eingespannten Meßanker befanden sich auch in den Reihen 7o west und 187 west, einmal durchweg bankrecht, das andere Mal in der in der Weststrecke gemäß Abbildung 2 abwechselnd angewandten Art eingesetzt.

Man sieht beim Vergleich der beiden Aufnahmen aus der Weststrecke miteinander keinen grundsätzlichen Unterschied des Verhaltens des Hangenden, der etwa von der Ankerstellung oder von dem mehr oder weniger langen Zeitraum seit dem Vorbeigehen des Strebs in Beziehung gebracht werden könnte. Auch, daß bei 187 west neben der Verankerung nur der leichte Holzausbau in Abständen von je 2 m zwischen den Ankerreihen, bei 7o west jedoch kein Ankerausbau, sondern mit Polygonen verstärker Ausbau aus Eisenkappen auf schweren Holzstempeln eingebracht war, hat sich offenbar nicht in grundsätzlich verschiedenen Senkungsbildern bemerkbar gemacht. Das Hangende ist heil geblieben und hat sich sanft auf den nur wenig, um rd. 20 cm, abgesenkten Holzkasten gelegt, fast wie ein einseitig eingespannter, zu einem nachgiebigen Auflager abkippender "Balken".

Die Darstellungen der Reihen 48/49 ost zeigen rd. 20 m nach Strebdurchgang bereits eine wesentlich stärkere Absenkung des Hangend-"balkens" zum nachgiebigen Auflager, aber einen deutlichen Tiefpunkt hart am Oberstoß, wo die Anker steil stehen. (Einige Wochen nach der dargestellten Aufnahme hatte sich das Hangende an dieser Stelle trotz erheblicher nachträglicher Verstärkung des Ausbaus abgesetzt und mußte nachgerissen werden. Die Strecke war so niedrig geworden, daß man befürchten mußte, sie könne unbefahrbar werden.)

Den Abriß zwischen dem Anker 5 und dem Holzkasten, der fast auf der ganzen Oststrecke beobachtet werden konnte, zeigt die Aufnahme der Reihe 139 ost, eines vorher mit Eisenkappe gesicherten Querschnittes, hier mit zum Streb leicht übergeneigten Ankern versehen. Der Abriß war etwa 20 cm abgesetzt.

Bemerkenswert ist nun, daß in der Reihe 178 ost, wo die Anker 1 - 5 in 1,3 m eingespannter Länge durchweg nach dem festen Stoß übergeneigt sind, und in seiner Nachbarschaft noch zu dem Zeitpunkt, als der Streb bereits über 250 m östlich stand, kein Abriß zu bemerken und das Senkungstief vor dem Holzkasten nicht so groß war wie in anderen Teilen der Oststrecke.

Es sollen hier zunächst noch keine Schlüsse aus diesem krassen Unterschied der Erscheinungen in der durchweg gutartigen Weststrecke und der stark beeinflußten Oststrecke gezogen werden. Beiden gemeinsam ist jedenfalls das Abkippen des Hangenden vom festen zum nachgiebigen Auflager mit einem Tiefpunkt vor dem Holzkasten am Versatzstoß.

Die Mechanik eines ähnlichen Vorganges haben H. MIDDENDORF und O. JACOBI (3) 1952 an anschaulichen Bildern zu klären versucht. Nach der aus dieser Arbeit entnommenen Abbildung 24, die O. JACOBI entwickelt hat, ist bei einseitigem Abkippen eines dicken Hangendbalkens - unterseitig am festen, oberseitig am nachgiebigen Auflager - mit Schubkräften zu rechnen (Abb. 24a).

Diese Kräfte könnten nach den genannten Autoren eine anstoßende dünne, gleitfähige, einer festeren Bank aufgelagerte Schicht gemäß Abbildung 24c in Richtung des Versatzfeldes verschieben, oder beim Auftreten flacher

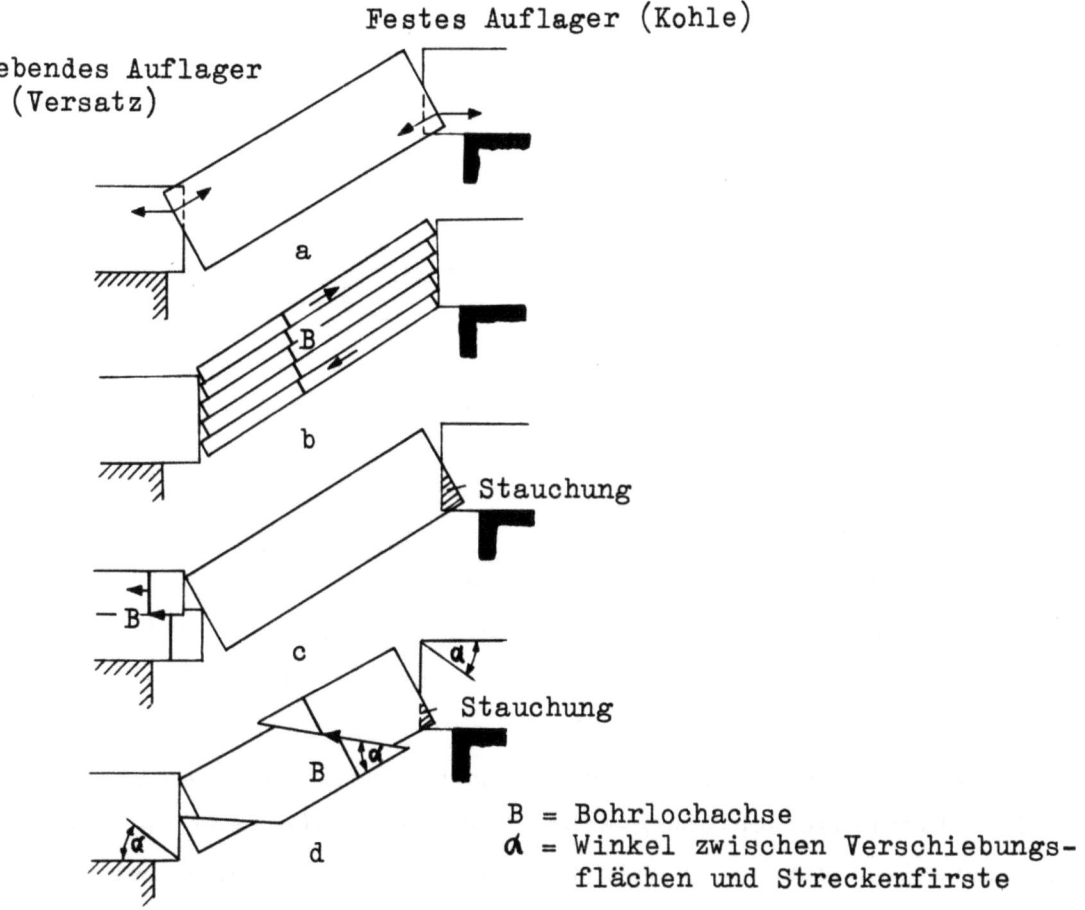

a Schubkräfte bei Absenken eines Auflagers
b Zerlegung eines Balkens in Schichtenpakete und Bewegung der einzelnen Schichten gegeneinander
c Verschiebung der Schichten in das Bruchfeld auf der Seite des nachgebenden Auflagers
d Bewegung auf geneigten Verschiebungsflächen

Abbildung 24

Schichtenverschiebung und Stauchung bei einseitigem Abbau nach der Balkentheorie. Nach O. JACOBI (die Abbildung wurde mit freundlicher Erlaubnis des Verlages Glückauf wiedergegeben)

Klüfte im Dachbalken zu am Ober- und Unterstoß verschieden gerichteter Verschiebung auf diesen Klüften führen (Abb. 24d).

Bei einem dicken - u.U. durch Verankerung erzeugten - Balken dürften nach diesen Bildern Schichtenverschiebungen der Art, daß die unteren Teile eines Bohrloches mehr zum festen Auflager wandern, nur beim Vorhandensein solch' flacher Klüfte eintreten. In der Untersuchungsstrecke sind diese nicht beobachtet worden. Durchweg zeigen aber auch die Bohrlochbeobachtungen mit

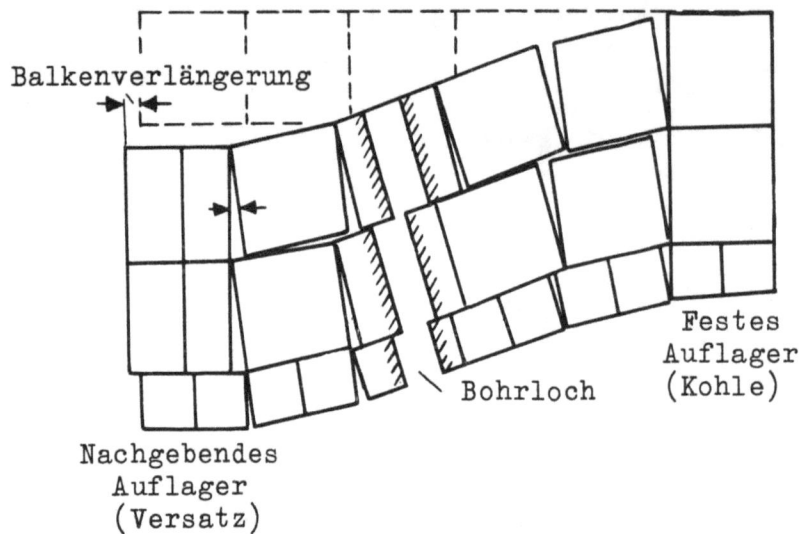

Abbildung 25

Würfelmodell nach O. JACOBI (Die Abbildung wurde mit
freundlicher Genehmigung des Verlages Glückauf wiedergegeben)

einer einzigen - offenbar örtlichen - Ausnahme nur von unten nach oben
abnehmende Schichtenverschiebungen zum Versatzstoß (s. Abb. 1), so wie es
bei den Vorüberlegungen angenommen worden war. Die Ausnahme beim Bohrloch
200 ost, das später nicht mehr beobachtet werden konnte, betrifft offenbar eine besonders schmierige Schicht.

Der Fall der einseitigen Absenkung eines Schichtenpaketes nach Abbildung 24b
zeigt nun aber auch eine solche Verschiebung der unteren Schichten zum
Versatzstoß, könnte also durchaus zur Erläuterung der Vorgänge herangezogen werden. Auch das instruktive "Würfelmodell" nach Abbildung 25, woraus
sich das Versetzen und Längerwerden eines Bohrloches ergibt, kann zur Erklärung eines solchen Vorganges dienen.

Die Veränderung verschieden gestellter Bohrlöcher beim Abkippen eines
Schichtpaketes wird man noch deutlicher an der schematischen Darstellung
in der Abbildung 26 erkennen.

Es ist zu sehen, daß

1. die zum festen Auflager geneigten Bohrlöcher länger und ihre Achsen
   gegen die Schichten flacher,

2. die zum nachgebenden Auflager geneigten Bohrlöcher kürzer und ihre
   Achsen gegen die Schichten steiler

werden. Ein vorher bankrechtes Bohrloch wird flacher und unwesentlich länger.

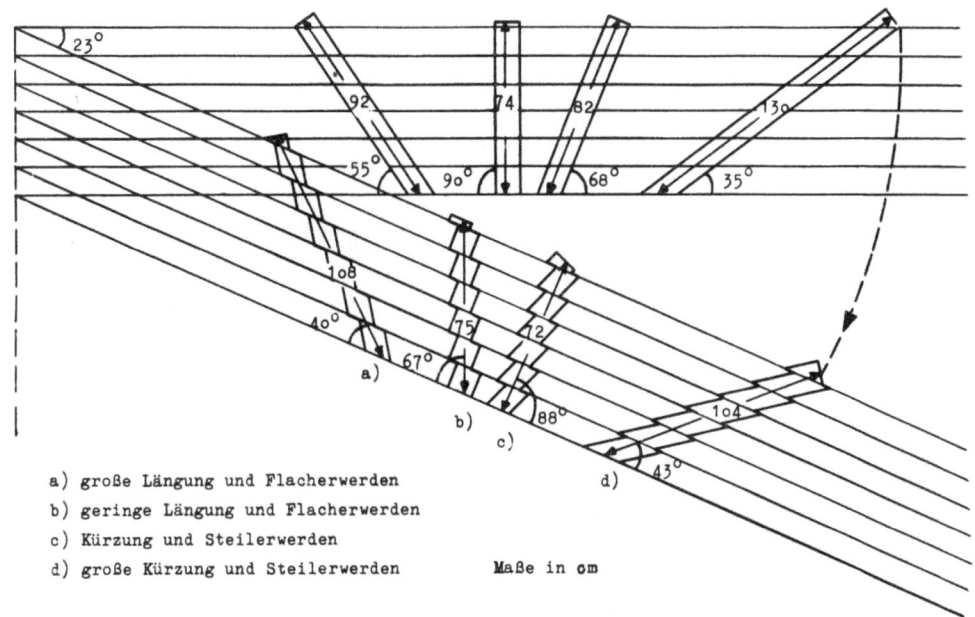

A b b i l d u n g 26
Veränderung verschieden gestellter Bohrlöcher beim Abkippen
eines Paketes steifer Schichten

Die in länger werdenden Bohrlöchern sitzenden Anker müssen Spannung aufnehmen, die anderen Spannung verlieren und unwirksam werden.

Nach diesen theoretischen, sozusagen rein mechanischen Betrachtungen, die hinsichtlich der zweckmäßigsten Ankerstellung im wesentlichen nichts anderes erbracht zu haben scheinen als unsere Vorüberlegungen aus dem Jahre 1952 auf der Grundlage der verschiedenen Schubfestigkeit der Schichten in Bezug auf die Dynamik des Abbauraumes, ist nun zur Steigerung der Vergleichbarkeit mit den natürlichen Vorgängen im tiefen Gebirge in der Abbildung 27 ein Modellversuch mit Streifen aus einem Gummiförderband wiedergegeben, das in seinen Ausmaßen etwa denen in der Versuchsstrecke entspricht. Er wird uns einen Schritt weiterbringen.

In der oberen Aufnahme ist der Zustand ohne die einseitige Absenkung zu sehen. Die Hohlraumwirkung der Strecke ist dabei ausgeschaltet mit Hilfe einer untergelegten steifen Platte. Die untere Aufnahme zeigt den Zustand nach Wegnahme der Unterlage und Absenkung des rechten Auflagers.

Man erkennt eine leichte Aufblätterung und eine Verschiebung der Schichten und mit dieser ein Mehrwandern der unteren "Bohrlochstrecken" zum abgesenkten Auflager. Nur bei dem schrägen Bohrloch ganz rechts ist keine

Abbildung 27
Modellversuch mit Gummistreifen

wesentliche Wanderung in diesem Sinne erfolgt. Das steilere Bohrloch davor läßt dagegen noch eine Kürzung vermuten. Deutlich sieht man auch - und das ist wichtig - wie sich der untere Wendepunkt der Senkung näher zum abgesenkten Auflager herausgebildet hat. Allerdings liegt der Tiefpunkt nicht so nahe am nachgiebigen Auflager wie in den Querschnitten der Abbildung 23.

Solange das eine Auflager nicht abgesenkt wird, ein einseitiger Abbau also nicht erfolgt ist, muß sich infolge der Streckenhohlraumwirkung das Senkungstief natürlich in Streckenmitte zeigen, wenn die Schichten nicht steif sind. Bei einseitigem Abbau jedoch, der hier untersucht werden sollte, hat der Tiefpunkt der Streckensenkung immer das Bestreben, näher zum strebseitigen Streckenrand zu liegen.

Die Darstellungen der Abbildung 23 lassen sich wohl recht gut mit dem Modellversuch in Übereinstimmung bringen. Offenbar sind, wenn man einmal von der Reihe 187 west absieht, alle Anker, die zum Streb übergeneigt waren, wirkungslos geblieben, auch bei den Reihen 48 und 49 ost; denn hier ist ja, wie vorher erwähnt, später ein Abriß am Oberstoß eingetreten.

Die zum festen Auflager übergeneigten drei Anker jeden Querschnitts haben jedoch, indem sie auf die zunächst rein statisch begründete Schubbewegung zum Streckenhohlraum hemmend wirkten, den Streckenhohlraum vom Stoß her eingeengt. Der feste Stoß erscheint dabei in Richtung auf die Streckenmitte verschoben und dadurch auch kann der Senkungstiefpunkt noch näher am nachgiebigen Auflager liegen als im Modellversuch. Damit wäre es dann - bei der Art der Neigung der Anker 4 und 5 in der Untersuchungsstrecke - auch rein statisch, aus der Streckenhohlraumbildung heraus, erklärlich, daß diese Anker wirkungslos geblieben sind. Sie wären eben, weil sie diesseits des Tiefpunktes angesetzt waren, als Druckstäbe zu betrachten. Wenn sie Zugstäbe hätten sein sollen, hätten sie jenseits des Tiefpunktes, also noch näher am Versatzstoß angebracht werden müssen.

Nun besteht allerdings für den unterrichteten Fachmann kein Zweifel, daß die Vorgänge im Streckendach, insbesondere bei einseitigem Abbau, nicht allein statisch betrachtet werden dürfen. Die in den Vorüberlegungen an Hand der Abbildung 22 gewürdigte unterschiedliche Schubbewegung der mehr oder weniger schubfesten Dachschichten, hervorgerufen durch den aus dem Abbauraum herrührenden Randstauchungsdruck, kann nicht vernachlässigt werden. Sie tritt deutlich dadurch in Erscheinung, daß einzelne Zwischenschichten im Flözdach, die weniger schubfest sind als ihre Nachbarschichten, eine größere Bewegung zum Strebhohlraum machen als diese Nachbarschichten (vergl. die Abb. 24 in der bereits angezogenen Arbeit von MIDDENDORF und JACOBI (3), wo eine solche Mehrbewegung von 30 mm erkennbar ist, und Bohrloch 2oo in unserer Abb. 1). Das ist nichts Neues und u.a. bereits 1913 von ECKARDT (8) erläutert worden.

Die Wanderung von Gebirgsteilchen in den Dachschichten wird nun, so sollte man es sich vorstellen, von der statisch bedingten Schichtenverschiebung, vom festen Stoß in Richtung zum Senkungstief in der Nähe des Versatzstoßes, positiv überlagert.

<u>Insofern</u> wird die längende Wirkung der statisch bedingten Schichtenverschiebung auf zum festen Stoß übergeneigte Bohrlöcher verstärkt, als in <u>der Regel</u> die höheren Schichten des Flözdaches schubfester sind (infolge ihres höheren Sandgehaltes) als die tieferen. Wäre allerdings zufällig der Ankerkopf oben in einer Schicht angebracht, die infolge geringerer

Schubfestigkeit sehr zum Versatz wandern muß als die unterste Dachschicht, so könnte u.U. die statisch bedingte Längung aufgehoben und ein solcher Anker die Zugspannung verlieren.

Am nachgiebigen Auflager, vom Senkungstiefpunkt an, wird die zum Abbauhohlraum gerichtete Schubbewegung durch die statisch bedingte Verschiebung im Regelfall in ihrer Wirkung vermindert; d.h. die an Hand der Abbildung 22 abgeleitete Kürzung der Ankerlöcher wird gemildert. Sie wird das umso mehr, als durch das Holzkastenauflager am Versatzstoß zum mindesten in der untersten Dachschicht eine Hemmung des Schubes zum Abbau eintritt. Insofern könnte also, sowohl aus der dynamischen wie aus der statischen Betrachtung heraus, ein nahe genug am Holzkasten angesetzter, zu diesem übergeneigter Anker noch zum Tragen kommen.

Hiermit wird nun folgende Beobachtung verständlich: Als Ende des Jahres 1953 in der Weststrecke 154 Ankerreihen mit 770 Ankern (ungerechnet die dort gesetzten Anker 6) überrollt waren, zählte man an locker gewordenen Ankern am Versatzstoß

    20 Anker Nr. 5 mit nördl. Einfallen gegen die Bank = 13 % von 154

    20 Anker Nr. 4 mit nördl. Einfallen gegen die Bank = 27 % von 77

    17 Anker Nr. 4, bankrecht eingesetzt   = 22 % von 77.

Also längst nicht alle Anker, die nach Abbildung 22 die Spannung hätten verlieren müssen, waren locker geworden. Von den Ankern Nr. 5 waren es nur 13 %. Es ist anzunehmen, daß sie in der Weststrecke, wo sie nachträglich zwischen den starken Türstöcken und deshalb mit 1,4 m Länge hatten eingebracht werden können, meistens weit genug über die Holzkästen reichten und hier die Überlagerungen von dynamischem und statisch bedingtem Schub zu 87 % zu Gunsten des statischen ausgegangen war.

Bei den Ankern Nr. 4 war das Verhältnis schon ungünstiger. Immerhin waren nicht alle Anker entspannt worden. Beachtlich allerdings ist der hohe Prozentsatz locker gewordener bankrecht gesetzter Anker. Sie hätten ja, da sie zwar nahe am Tiefpunkt, aber auf der Seite zum festen Stoß saßen, auch nach der Kombination der dynamischen und statischen Theorie durchweg Spannung bekommen müssen. Es ist also nicht ausgeschlossen, daß in diesen Fällen der Ankerkopf sein Auflager in einer weniger schubfesten Schicht gefunden hatte, die mehr zum Versatzstoß gewandert war als die Unterfläche des Hangenden.

Forschungsberichte des Wirtschafts- und Verkehrsministeriums Nordrhein-Westfalen

Von den durchweg flacher gegen die Bank und mit südlichem Einfallen (also zum festen Stoß überneigend) gesetzten Ankern Nr. 1 - 3 waren nur vereinzelte locker geworden. Meistens ließ sich erkennen, daß an diesen Stellen Lasten an die betr. Anker gehängt worden waren.

So ergibt sich also aus unseren betrieblichen Beobachtungen und den vorstehenden Überlegungen, wenn man den Endzustand des einseitigen Abbaus in Betracht zieht:

1) Flach zum festen Stoß übergeneigte Anker vom festen Stoß bis zum Senkungstiefpunkt, der in der Nähe des nachgiebigen Auflagers liegt, erhalten zusätzliche Zugspannung und kommen dadurch zur Wirkung.

2) Ein aus der Nähe des versatzseitigen Streckenrandes zum dort zu setzenden Holzkasten übergeneigter Anker erhält ebenfalls Zugspannung.

3) Bei bankrecht gesetzten Ankern ist es wegen der Unbestimmtheit der Voraussage, welche der beiden erörterten Schubbewegungen überwiegen wird, nicht sicher, ob sie Spannung bekommen.

Die zusätzliche Spannungsaufnahme der Anker aber ist von entscheidender Bedeutung für die Sicherheit des Hangenden. Denn letzten Endes soll ja die unterste Dachschicht daran gehindert werden, in den Streckenhohlraum hereinzubrechen. Das ist nur zu erreichen, wenn sie - durch von oben wirkende Zugspannung - mit den über ihr liegenden Schichten verklammert bleibt.

A b b i l d u n g 28
Streckennachbruch in der Oststrecke, Nähe Reihe 50

In der Abbildung 28 ist links der feste Stoß und das Fahrtrumm. Dieses ist verdeckt von dem Haufwerk und dem Nachbruch, selbst jedoch vollkommen unversehrt. Hier haben die zum festen Auflager übergeneigten Anker die Schichten zusammengehalten. Rechts im Bild dagegen sieht man die vollkommen aufgelockerten Schichten über dem Fördertrumm am Versatzstoß, denen die steil gesetzten Anker offenbar keinen Halt bieten konnten.

Ein Blick auf die Abbildungen 9 - 11 bestätigt in etwa auch, daß zum nachgiebigen Auflager übergeneigte Anker den Streckenbalken nicht zu halten vermögen: Man sieht hier das Absinken des nördlichen Streckenstoßes in der westlichen Strecke beim Vorbeigehen des unteren Strebs. Am oberen, inzwischen als fest geltenden Auflager, dem Holzkasten des alten oberen Strebs, werden die Schichten durch die dorthin übergeneigten Anker und die Seilverspannung noch nach dem Bruch lange in der Schwebe gehalten.

Die großen Längungen der zum festen Auflager geneigten Bohrlöcher nun, wie sie insbesondere aus der Abbildung 26 erkennbar sind, werden in der Regel nicht von den Ankern aufgenommen. Diese müssen in ihren Bohrlöchern rutschen. Die Abbildung 29, die fotografische Aufnahme des Streckennachbruches bei $R_e$ihe 54 ost, zeigt, wie der Anker 3 dieser Reihe um 12 - 15 cm gerutscht ist, obwohl der Keil bis zum Bund eingeschlagen war. Die gleiche Feststellung konnte immer wieder gemacht werden.

Die Bewegung - von der "Streckendynamik" wollen wir zunächst einmal absehen - steht im Zusammenhang mit der Zusammenpressung des Holzkastens, der ja im wesentlichen das Auflager des langen Strebhangenden ist.

Ohne das Vorhandensein des Holzkastens würde sich u.U. das Flözdach - bei genügender Biegungsfestigkeit (wie z.B. in Abb. 9-12) - jenseits des Streckenrandes im Streb auf dem Versatz auflegen. Das Haupthangende, bei dem ausreichende Elastizität vorauszusetzen ist, wird sich auf jeden Fall in einer sanft geschwungenen S-Form auflegen und dabei auf die Dachschichten über dem Holzkasten und auf diesen drücken. Das Abkippen der Dachschichten um das feste Auflager ist also nicht aufzuhalten (es sei denn, man würde den Holzkasten vollkommen starr ausbilden und das Hangende, einschließlich des Haupthangenden, hinter ihm abreißen lassen). Irgendwelche Schichtenverschiebungen müssen dann aber auftreten, da die gebräuchlichen Anker niemals eine vollkommene Schubhemmung bewirken können. Mit gänzlich vollkommen rutschfesten Ankern aber müßte eine fast vollkommene Schubverhinderung verbunden sein, wenn sie nicht reißen sollen. Und wenn

Abbildung 29

Gerutschter Anker in der Oststrecke. Anker 3, zum festen Auflager geneigt. Rechts schließen die stark brüchig gewordenen Schichten über dem Fördertrumm an

beides erreichbar wäre, bliebe noch zu bedenken, daß der absolut rutschfeste Anker mit seiner Platte einen erheblichen Druck gegen die Dachhaut ausüben würde. Nicht immer jedoch vermag diese solche Drücke aufzunehmen, wie bekannt sein dürfte.

Wenn aber absolut rutschfeste Anker reißen, so besteht die Gefahr, daß sie es bei Überlastung plötzlich und in größerem Umfange tun und die Schichten gebirgsschlagähnlich in die Strecke stürzen lassen.

Trotz dieser allgemeinen Bedenken sollte man jedoch weiter untersuchen, ob rutschfeste Anker, insbesondere beim Rückbau, unter gewissen Bedingungen nicht doch anwendbar sein könnten.

Bis zu einer restlosen Klärung dieser Frage allerdings muß man jedenfalls dem "nachgiebigen" Anker den Vorzug geben und sich darauf beschränken, die dann eintretende Bewegung so zu beherrschen, daß keine Gefahr entsteht.

Interessant ist in diesem Zusammenhang, daß nach französischen Versuchen selbst in Schichten, die hervorragende "Aufhängebedingungen" bieten, im Laufe der Zeit unter einer Dauerbelastung ein Gleiten eintritt. Man bezeichnet das als eine normale Erscheinung und führt sie auf ein "Fließen" der Gesteinsschichten zurück. Im übrigen ist man dort der Ansicht, daß Anker,

Abbildung 30

Abbildung 31

Abbildung 32

Forschungsberichte des Wirtschafts- und Verkehrsministeriums Nordrhein-Westfalen

Abbildung 33

A b b i l d u n g 30 - 33

Hereinschieben des Kohlenstoßes in die Strecke über den Anker 1 hinweg

Abbildung 34

Abbildung 35

Seite 57

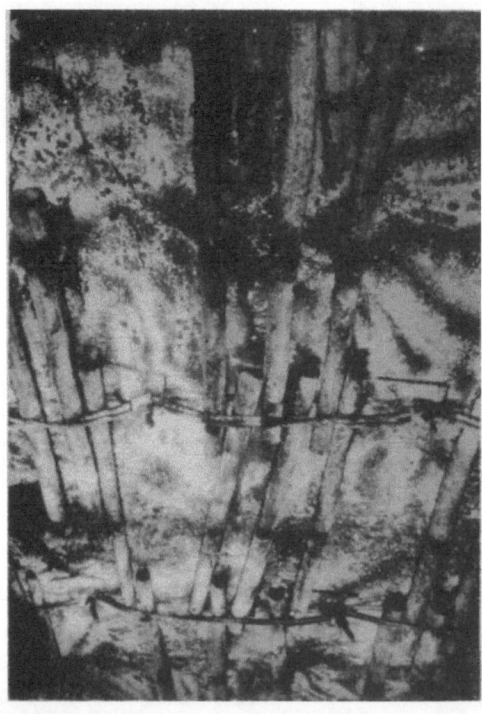

Abbildung 36

Abbildung 34 - 36
Der Ausbau am Unterstoß wird durch die hereindrängende
Kohle zerstört. Das verankerte Hangende hält ohne Ausbau

die bei einer Belastung von z.B. 12 t dauernd gleiten, ebenso wirksam, wenn nicht noch wirksamer seien als Anker, die bei der gleichen Belastung brechen. Schlitzkeilanker hat man als in den meisten Fällen zu befriedigenden Ergebnissen führend gefunden (Revue de l' Industrie Minérale 1952).

Eines ist noch von Wichtigkeit und darf nicht vernachlässigt werden:
Am kohlenseitigen Streckenrand tritt durch das Abkippen der Dachschichten zum versatzseitigen Auflager eine mehr oder weniger erhebliche Beanspruchung der anstehenden Kohle ein. Bei einigermaßen fester Kohle und gutem Dach ist das nicht gefährlich, besonders, wenn die Strecke nicht allzu lange offen zu bleiben braucht.

Die Abbildungen 3o - 33, aufgenommen in der westlichen Strecke, mindestens 6 Monate nach Strebdurchgang und nach dem vollständigen Rauben des zusätzlichen Ausbaus an dieser Stelle, veranschaulichen den Vorgang des "Hineinwanderns" des Auflagers in den Kohlenstoß hinein. Die Kohle ist in die Strecke hereingedrückt und vom Kantendruck abgepreßt worden.

Die Abbildungen 34 und 35 zeigen, daß an den Stellen der Strecke, wo der zusätzliche Ausbau noch stand, die Stempel am Unterstoß von der hereinschiebenden Kohle und dem leicht herabsinkenden Hangenden vollkommen zerstört wurden, so daß die aufliegenden Eisenkappen ihre Stütze verloren. Daraus ist zu schließen, daß sich das Hangende auch an den nicht ausgeraubten Stellen nur in den Ankern hielt. Irgendwelche Brucherscheinungen wurden nicht beobachtet (s. Abb. 36).

2. Die Gefahr der Rißbildung im Streckendach und gegen sie im Sinne des Gebirgsankerausbaus zu treffende Maßnahmen

In der Weststrecke hat sich also trotz monatelangen Offenstehens der Strecke keine Gefahr herausgebildet. Ihr wäre aber auch - in jedem Falle - durch das Setzen von Holzkästen oder Längsunterzügen am Stoß zu begegnen gewesen. Ein besonders flach gesetzter überlanger Anker hätte aber auch noch zusätzliche Sicherheit vermitteln können. So war es im Betrieb für den Notfall vorgesehen.

Die langen, flach gesetzten Stoßanker hatte bereits JACOBI (1o) vorgeschlagen: Weil eine unter das Hangende gelegte Zugbewehrung (zur Erhöhung der Biegungsfestigkeit des Streckenbalkens bestimmt) nicht bis in die Auflager in den Stößen geführt werden könne, würden die Schichten an den Streckenstößen auf Zug beansprucht. Da Gestein solche Zugbeanspruchungen nicht aufzunehmen vermöge, solle man diese Belastung den bis über die Auflager reichenden Stoßankern überlassen.

Die von JACOBI vorgeschlagenen Stoßanker erkennt man in der Abbildung 37, in der im übrigen reine Balkenbewehrung nach statischen Gesichtspunkten zur Darstellung gelangt ist.

HOFFMANN (11) weist ebenfalls auf die Gefahr der Rißbildung am Streckenstoß hin und will damit ausdrücklich vor der von GRÄBSCH vorgeschlagenen (wegen der von G. für allein ausschlaggebend gehaltenen dynamischen, zum

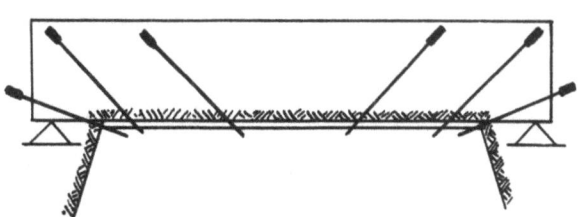

Abbildung 37
Balkenbewehrung mit zusätzlichen Stoßankern nach O. JACOBI

Strebhohlraum gerichteten waagerechten Verschiebungen) einseitig zum festen Stoß geneigten Ankerstellung warnen. Er erklärt, infolge der in der Streckenmitte größeren Senkung entstünden Scherspannungen im Gestein über den Streckenstößen im Bereich der Auflager. Die Neigung der zu erwartenden Scherflächen sei hauptsächlich von den Materialkonstanten der beanspruchten Gesteinsschichten abhängig und wechsele zwischen dem Böschungsabbruch mit schräg nach außen geneigten Schubflächen und einer bis über 90° steilen Scherfläche des gewölbeartigen Ausbruchs.

Die in Flöz Sonnenschein - in der Oststrecke kurz nach Durchgang des Strebs, in der Weststrecke erst nach Durchgang beider Streben - entstandenen Stoßrisse verdeutlicht unsere Abbildung 13, hier in der Oststrecke beobachtet. Am Oberstoß hatte sich diese Scherfläche von unten nach oben gleich nach Durchgang des Strebs entwickelt. Man erkennt, daß der steile Anker rechts natürlicherweise den Abriß nicht abfangen konnte. Am Unterstoß hat zweifellos der Anker 1 bis zum Durchgang des unteren Strebs den in einer oberen Dachschicht zuerst entstandenen Riß am Durchbruch verhindern können. Er trat erst dann in Erscheinung, als das Abkippen des Daches zum unteren Strebraum mit seiner - gegenüber der vorherigen, vom Abkippen zum Oberstoß herrührenden - überstarken Pressung der unteren Dachschicht diese örtlich vollkommen zerstört hatte. Anker und Seile haben jedoch bemerkenswerter Weise bis zum Schluß gehalten.

HOFFMANN (11) äußert sich nun weiter:

"Auf die schräg nach außen gerichteten Stoßanker wirken sich die rückläufig werdenden Schichtgleitungen folgendermaßen aus: Beim Durchgang des Strebs oberhalb der Bandstrecke sind die Anzugschrauben der Anker am Oberstoß locker geworden, dafür haben sich die Anker am Unterstoß um so mehr gespannt. Ist der Abbau oberhalb der Bandstrecke beendet und gerät die Abbaustrecke in den Einflußbereich des unteren Strebs, dann werden die Anker am Oberstoß wieder auf Zug beansprucht, und bei den Ankern am Unterstoß lassen die Zugspannungen nach. Dieser Wechsel in der Verteilung der Zugspannungen ist meines Erachtens unwesentlich, zumal man ihm durch Nachziehen der Ankerschrauben in kurzen Zeitabständen begegnen kann. Er läßt sich vermeiden, wenn sämtliche Anker bankrecht gesetzt werden, was auch GRÄBSCH befürwortet. Dann muß jedoch auf die wichtigere Schubspannungsbewehrung in Gestalt der schräg nach außen gesetzten Stoßanker verzichtet werden, was nach meiner Ansicht nur dann zu erwägen ist, wenn zu beiden Seiten der Abbaustrecke breite Dämme mitgeführt werden. Der bankrechten Verdübelung wird man daher im allgemeinen erst bei halbsteiler und steiler Lagerung den Vorzug geben, weil die Bewegung auf den stark einfallenden Schichtflächen größer werden kann als die Aufblätterung. Auch ist die Gefahr des Abscherens der verdübelten Schichtenfolge am Rande der Auflager, also längs der Streckenstöße, nicht in gleichem Maße vorhanden wie bei flacher Lagerung. Diesem Umstand haben HOEVELS und ROLSHOVEN bei Betriebsversuchen mit Ankerausbau in steiler Lagerung mit Erfolg Rechnung getragen."

Wichtig ist hier zunächst, daß HOFFMANN gleichfalls der Überzeugung ist, daß beim Vorbeigang des einseitigen Abbaus an der Strecke die (zum Abbau geneigten) Anker am Oberstoß locker werden müssen und die Anker am Unterstoß (die zu diesem <u>geneigt</u> sind) umso mehr gespannt werden. Wenn er jedoch sinngemäß meint, das Lockerwerden der strebseitigen Anker sei unwesentlich, zumal man ihm durch Nachziehen in kurzen Zeitabständen begegnen könne, so möchten wir dem nicht ohne weiteres zustimmen, im Interesse der Sicherheit für den anderen Streb nicht.

Durch das Lockerwerden der Anker wird nämlich eine zunehmende Aufblätterung der sowieso durch senkrechte Scherkräfte bedrohten Schichten am Oberstoß begünstigt. Dem kann nicht durch zeitweiliges Anziehen begegnet werden, weil der Verlust der Ankerzugspannung ja laufend weitergeht. Wenn aber diese Schichten allzu aufgelockert sind, könnten sie u.U. der vom unteren Streb ausgehenden Beanspruchung nicht mehr gewachsen sein.

Kurz vor dem Holzkasten am Oberstoß ist nach unsern Beobachtungen die Aufblätterung der nicht gesicherten Schichten im Streckenquerschnitt am größten. Sie kann nur durch laufend straff gespannte Anker in ihrer Entwicklung gehemmt werden.

Was von bankrechten Ankern zu halten ist, haben wir, auf Grund unserer Beobachtungen und Überlegungen und entgegen unserer in den Vorüberlegungen zum Ausdruck gebrachten Auffassung, auf Seite 53 ausgeführt:

"Bei bankrecht gesetzten Ankern ist es wegen der Unbestimmtheit der Voraussage, welche der beiden erörterten Schubbewegungen überwiegen wird, nicht sicher, ob sie Spannung bekommen".

(Die erhebliche Auflockerung der Schichten im Bereich der steil gesetzten Anker ist ja auch aus den Abbildungen 28 und 29 zu erkennen).

Es führt also keinen Schritt weiter, wenn gemäß der Auffassung HOFFMANN's unter Verzicht auf schräg nach außen gesetzte Stoßanker das Streckendach nur mit bankrechten Ankern verdübelt wird und dafür an beiden Streckenstößen breite Dämme mitgeführt werden. Selbst wenn die Anker Zugspannung bekommen würden und somit die Aufblätterung der Schichten hemmen könnten, so müßte doch mit senkrechter Abscherung an den Stößen gerechnet werden. Denn auf das Setzen von Holzkästen würde man kaum verzichten wollen und diese Holzkästen hemmen das Absinken der Dachschichten, mehr als der Versatz in den Dämmen und der Streckenausbau, und lösen Scherkräfte aus.

Eines aber darf darüber hinaus im Sinne des Themas nicht vergessen werden:

Beim beschleunigten Streckenvortrieb zur Herrichtung von Rückbaustreben kann der Bergmann keine Streckendämme gebrauchen.

So ergibt sich dann weiter auf Grund unserer Beobachtungen und Überlegungen in Ergänzung unserer auf Seite 53 niedergelegten Erkenntnisse:

An beiden Streckenstößen müssen überlange, starke, schräg nach außen zeigende Stoßanker gesetzt werden, um die dort zu erwartende senkrechte Scherbeanspruchung der Schichten aufnehmen zu können.

Diese Anker müssen durch Zugbänder verbunden sein, damit sie in der Lage sind, einen wesentlichen Teil der Auflast des Streckenhangenden abzufangen.

VI. Betrachtung der Beanspruchungen des Streckendaches im Verlauf des fortschreitenden wechselseitigen Abbaus und daraus sich ergebende Folgerungen und Vorschläge für die Verankerung im Sinne der gestellten Aufgabe

Bisher ist bei unsern Überlegungen unterstellt worden, daß der Abbau nur auf einer Seite geführt werde, auf der andern Seite sich ein festes Auflager befinde. Brauchbar aber werden die vorstehend angeführten Erkenntnisse - abgesehen von Gesichtspunkten, die weiter unten betrachtet werden sollen - erst dann, wenn man nicht die Augen vor der Tatsache verschließt, daß auch das feste Auflager einmal nachgiebig werden muß, wenn später an seiner Seite der Abbau geführt wird. Das ist ja der Regelfall.

Wenn also bisher den zum festen Auflager geneigten Ankern, als über den

Forschungsberichte des Wirtschafts- und Verkehrsministeriums Nordrhein-Westfalen

größten Teil des Streckenquerschnittes zu setzen, das Wort geredet wurde, so sollte das nicht geschehen sein, um etwa dem angedeuteten Ausweg HOFFMANN's zu folgen, und das noch in weit kritischerer Form. Er dürfte nämlich kaum vertretbar sein, im Nachziehen der dann locker werdenden Anker, die je dann - nach unserm Verfahren - die Mehrzahl bilden, die Sicherheit zu suchen.

Eine solche Vogel-Strauß-Einstellung ist auch nicht erforderlich. Wenn man - zunächst hilfsweise - vom "bewehrten Balken" spricht, so stände nichts dagegen, einen solchen Balken auch körperlich zu sehen und nicht nur im Längsschnitt. Es dürfte durchaus möglich sein, z.B. die Vorderansicht des "Balkens" für den rechts, die Hinteransicht für den links zu führenden Abbau zu "bewehren". Das hieße dann:

Man würde abwechselnd Reihen mit einer Mehrzahl links gerichteter und solche mit einer Mehrzahl rechts gerichteter Anker setzen, in jeder Reihe jedoch die überlangen Stoßanker anbringen Wenn beide Reihenausstattungen zudem noch miteinander durch unterflächige Zugbewehrung verbunden würden, wäre scheinbar nichts gegen eine solche Lösung einzuwenden.

An dieser Stelle jedoch möge man sich an den Streckenbruch vom März 1954 erinnern (Abb. 5 - 7).

Damals war an quer durch die Strecke streichenden gegenfallenden Klüften, die an der Unteransicht des Streckendaches bei der Auffahrung nicht sichtbar gewesen waren, noch vor dem Strebstoß das Hangende niedergebrochen. Diese nicht sichtbaren Klüfte hatten sich sogar durch geringfügiges Einsinken des Streckendaches (s. Abb. 8) und eine das Bohren erschwerende Zerblätterung des Hangenden bei der Auffahrung bemerkbar gemacht.

Wenn schon die (zweifellos eher auffallenden aus statischen Betrachtungen zu erklärenden) Scherklüfte an den Streckenstößen mit Ankern abgefangen werden müssen, so darf auch die in den querschlägigen Klüften liegende Gefahr nicht übersehen werden. Das aber hieße - denn der Ankerausbau soll ja vollkommene Sicherheit gegen Streckenbrüche gewährleisten - daß auch streichend geneigte Anker notwendig wären, die der scherfesten Verbindung einzelner durch taktonische Klüfte getrennter Dachschollen zu dienen hätten.

Bevor nun dieser Gedanke weiter verfolgt wird, sei noch auf eines aufmerksam gemacht:

Abbildung 38
Modellversuch mit Sand-Paraffinplatten

Alle vorstehenden Überlegungen, auch die zeichnerischen Darstellungen der betrieblichen und geodätischen Beobachtungen, beziehen sich sozusagen auf eine Ebene, auf einen senkrecht durch die Abbaustrecke gelegten Querschnitt. Auf der einen Seite des Querschnitts befindet sich das feste Auflager - es ist vom einseitigen Abbau die Rede - auf der andern Seite der nachgiebige Holzkasten und der Versatzstoß.

Erst mit der Hineinbeziehung der vorerwähnten querschlägigen Klüfte in unsern Überlegungen haben wir uns in den Raum begeben. Dieser Schritt aber wäre nicht vollständig, wenn übersehen würde, daß der Abbau, und damit das Vakuum und die Nachgiebigkeit an einem Stoß, sich nur allmählich entwickeln können.

Das nachstehend in Abbildung 38 wiedergegebene Modell besteht aus 50x50 cm großen und verschieden dicken Platten unterschiedlich gekörnten durch Paraffin gekitteten Sandes. Links soll ein festes Auflager mit durchgehend gleicher Höhe sein. Das rechte Auflager fällt in einer stark geschweiften S-Kurve nach hinten ab, um so etwas vereinfachend den Absenkungsvorgang längs eines Streckenstoßes durch einen aus dem Hintergrund vorschreitenden Abbau darzustellen.

Durch diesen Modellversuch wird noch einmal vor Augen geführt, - was selbstverständlich jedem Fachmann bekannt ist, nur bei den Betrachtungen am Streckenquerschnitt leicht übersehen wird - wie das Streckenhangende in Richtung auf den Abbauschwerpunkt, in jedem durch die Platte gelegten Schnitt in anderer Größe, beansprucht wird. Auch die Gleitbewegung der einzelnen Platten in dieser Richtung, also in den rechten Hintergrund hinein, wird am Modell deutlich. Die unterste Platte wandert am meisten, jede höhere in verschiedenem Maße weniger.

(Ein Mehrwandern der unteren Platten nach rechts, in den Strebhohlraum hinein, ist an diesem Modell leider nicht zu erkennen. Das könnte nur dann der Fall sein, wenn die Platten weiter nach rechts, in einen gedachten Strebhohlraum hinein, überragen würden. So erscheint im vorderen Querschnitt nur die Strecken-Hohlraumwirkung.)

Alle in den vorhergehenden Abschnitten getroffenen Feststellungen, die sich auf den Einfluß der Schubbewegungen beziehen, bedürfen deshalb einer Berichtigung. Die Beanspruchung der Gebirgsanker durch Längung oder Kürzung der Bohrlöcher ist nicht nur davon abhängig, ob der Abbau links oder rechts der Strecke umgeht, sondern wechselt auch während der Zeit des Vorbeirollens des einseitigen Abbaus.

Erst nach der endgültigen Beruhigung des einseitigen Abbaus tritt ein Zustand ein, den man im Sinne der in den vorhergehenden Abschnitten angestellten Überlegungen, also mit statisch und dynamisch begründeten Vorstellungen an Hand des Streckenquerschnittes, betrachten dürfte.

Vorher aber, und auch später wieder, wenn der andere Streb, wiederum einseitig, vorbeizieht, zeigen die statischen und dynamischen Beanspruchungen des Streckendaches nach wechselnden Richtungen. Die Aufgabe der Anker aber muß es sein, das Streckendach in <u>jedem</u> Zeitpunkt möglichst zusammenzuhalten, auch während der besonders anstrengenden "Verwürgung" beim Vorbeigehen der beiderseitigen Streben.

Im nachstehenden wird als Ergebnis unserer Untersuchungen ein Weg zur Lösung dieser Aufgabe gezeigt, wobei die folgenden Bedingungen für eine sichere Verankerung des Streckendaches im Sinne unseres Themas maßgebend sind:

1. Wechselnd muß eine Mehrzahl Anker zum einen und andern Stoß geneigt sein.

2. An beiden Stößen müssen überlange, starke, schräg nach außen zeigende Stoßanker gesetzt werden.

3. Um die Auflast des verdübelten Streckendaches, besonders wenn es an den Stößen abreißen sollte, tragen zu können, müssen die Stoßanker durch Zugbänder verbunden sein.

4. Quer durch die Strecke streichende Klüfte müssen von entsprechend gerichteten Ankern durchstoßen werden, auch wenn sie nicht erkennbar sind.

Forschungsberichte des Wirtschafts- und Verkehrsministeriums Nordrhein-Westfalen

5. Die nach den ankommenden und vorbeigehenden Streben gerichteten Schubbewegungen müssen sicher genug abgefangen werden, d.h. es muß immer eine Mehrzahl von Ankern so stehen, daß ihr Kopfende nicht näher am Abbau liegt als ihr Fußende.

Diese Bedingungen werden erfüllt von einem Ausbauschema, wie es in den Abbildungen 39 und 40 dargestellt ist, und zwar in der Abbildung 39 für weniger feste, in der Abbildung 40 für schubfestere Dachschichten.

In der Abbildung 39 ist im linken Teil der Strecke, die von links nach rechts vorgetrieben sein soll, während der Abbau oben und unten, wie angedeutet, jedesmal einseitig von rechts nach links abzuwickeln wäre, die Ankerstellung erkennbar.

In jeder Reihe sind 5 Anker angeordnet. Die beiden Stoßanker sind um etwa $20°$ - $30°$ in Abbaurichtung aus dem Streckenquerschnitt abgedreht. Damit soll einmal der Tatsache Rechnung getragen werden, daß die gebirgsmechanische Beanspruchung erfahrungsgemäß von der Seite des ankommenden Abbaus aus auch nach dessen Durchgang immer etwas überwiegt. Zum andern ergibt sich daraus eine gewisse Verschränkung gegen den Streckenquerschnitt, die bei vollem Abbaueinfluß ein Verbiegen und damit ein besseres Haften der Stoßanker bewirkt.

Die drei mittleren Anker, die "Firstanker", sind in den einzelnen Reihen abwechselnd alle zum Oberstoß oder zum Unterstoß gerichtet, jedoch in einem bestimmten Wechselschema nach links oder rechts um $45°$ aus dem Streckenquerschnitt abgedreht, so daß sie gleichsam wie die aus der Blattebene geschränkten Zähne einer Säge stehen. In der ihnen zugehörigen bankrechten Ebene sollen sie um $45°$ ansteigen.

An dem in der Abbildung 39 gestrichelt eingefaßten Teil des Dachschichtenpaketes möge man folgendes erkennen:

Solange die Hauptrichtung der Schubbewegung zum Abbauschwerpunkt noch nicht voll senkrecht zur Strecke zeigt, sind von den sechs Firstankern mindestens zwei vom Abbau abgeneigt, drei parallel verschränkt und gleichsam bankrecht gerichtet und höchstens einer zum Abbau geneigt.

Wirkt dann die Hauptschubbewegung ungefähr senkrecht zur Streckenachse zum oberen Streb hin, so sind drei der Firstanker verschränkt vom Abbau abgeneigt, zwei verschränkt zu ihm hin und einer verschränkt parallel zu seiner Wirkungsrichtung.

Forschungsberichte des Wirtschafts- und Verkehrsministeriums Nordrhein-Westfalen

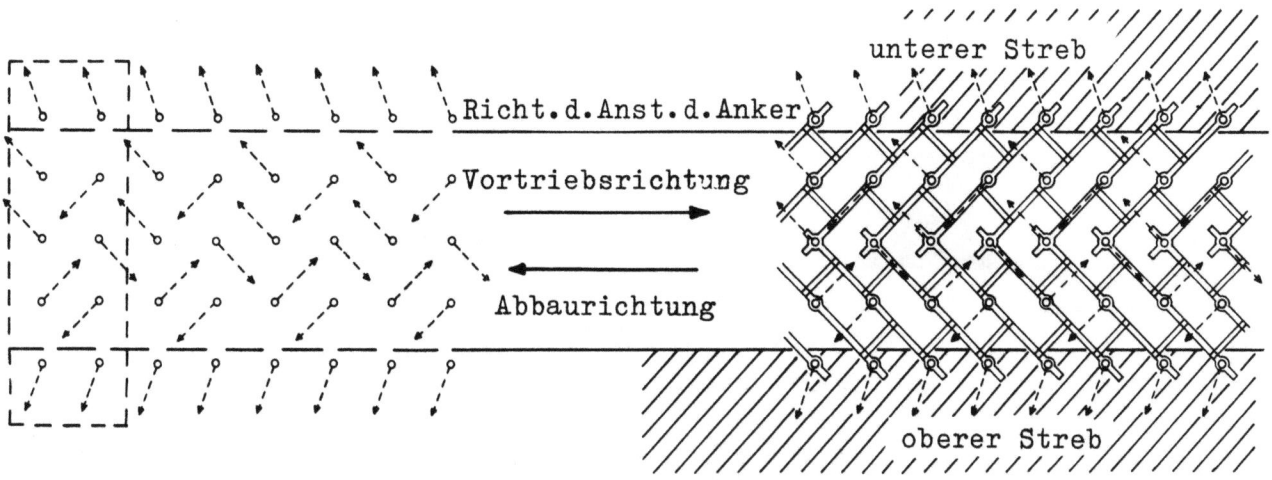

Abbildung 39

Anordnung eines Ankerausbaus für weniger schubfeste Dachschichten

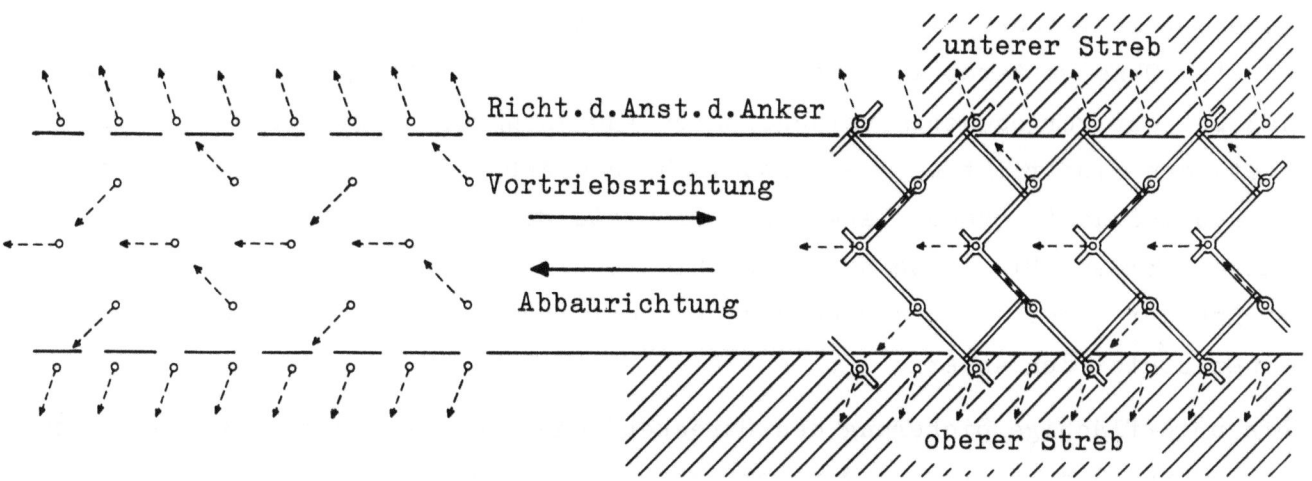

Abbildung 4o

Anordnung eines Ankerausbaus für schubfestere Dachschichten

Um es hilfsweise statisch betrachten zu können, wird in der Abbildung 41 ein zwischen zwei Ankerreihen gelegter Querschnitt gezeigt, auf den die Anker der beiden Reihen projiziert zu denken sind. Man sieht, daß das abkippende Schichtpaket beim Nachgeben des rechten Auflagers durch die voll ausgezogenen Anker, beim Nachgeben des linken Auflagers durch die gestrichelten Anker sozusagen gegen Schub "bewehrt" ist. Je zwei Stoßanker unterstützen die "Schubbewehrung" und fangen die an den Streckenstößen mögliche Abscherung ab, auf die HOFFMANN hingewiesen hat, bzw. sie übertragen die vom Gestein am Streckenstoß nicht aufnehmbare Zerrung, die von JACOBI angesprochen wurde, über die Auflager.

Forschungsberichte des Wirtschafts- und Verkehrsministeriums Nordrhein-Westfalen

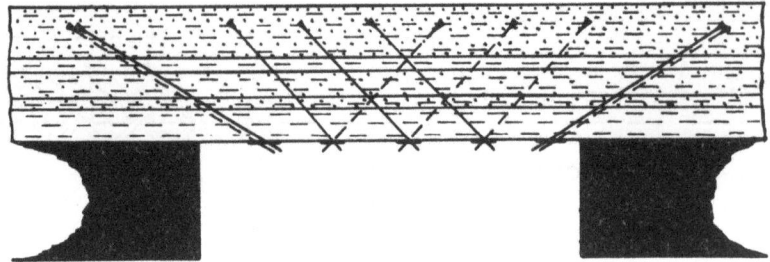

——— Projektion der Anker der 1. Reihe
---- Projektion der Anker der 2. Reihe

Abbildung 41
Querschnitt zwischen zwei Ankerreihen mit Projektion der
benachbarten Anker auf die Schnittebene

Tatsächlich aber ist die Wirkung der verschränkt gesetzten Anker ausschlaggebend wesentlicher als es an Hand einer statischen Betrachtung erscheinen könnte. Ohne weiteres kann man sich an Hand der Abbildung 39 vorstellen, daß bei der vorgesehenen verschränkten Anordnung der Anker alle u.U. auftretenden Kluftrichtungen - tektonische und Abbaurisse - von Ankern durchstoßen und damit größere abwärts gerichtete Bewegungen auf ihnen abgefangen werden. Die einzelnen Dachschichtenklötze werden gleichsam gelenkig aneinander geheftet. Sie können sich nicht mehr selbständig machen, und einer stützt den andern.

Die unterflächige Sicherung des Streckendaches nun ist im rechten Teil der Abbildung 39 dargestellt. Man erkennt eine ins Auge fallende Abweichung von dem üblichen quer zur Strecke angeordneten Ausbau, der sich von den uralten Türstöcken bis zu den modernen Ankerreihen mit Drahtseilen, Flach- oder U-Eisen erhalten hat.

Es handelt sich um eine "Vergitterung" des Hangenden, wobei die Gitterstäbe etwa diagonal zur Streckenachse und auch verschränkt angeordnet sind, und zwar so, daß die Scheitel der von den einzelnen Stabpaaren gebildeten Winkel in Abbaurichtung zeigen. Diese Anordnung der Gitterstäbe zusammen mit den senkrecht zu ihnen angebrachten, einfach zu lösenden Verbindungselementen, die gleichzeitig als Abstandshalter dienen, bewirkt, daß die Auflast der Dachschichten auf eine größere Anzahl Stoßanker übertragen wird.

Die diagonale Verlegung der Gitterstäbe trägt aber auch dem Umstande Rechnung, daß die Schubkräfte zu den ankommenden Streben gerichtet sind und

Forschungsberichte des Wirtschafts- und Verkehrsministeriums Nordrhein-Westfalen

___

zunächst diagonal angreifen, außerdem um den Hohlraum am Strebausgang sich diagonal (senkrecht zu den Flacheisen) streichende Risse bilden könnten.

Die "Ankerplatten" sind in diesem Beispiel als Schema rund und als mit den Flacheisen selbst aus einem Stück bestehend gezeichnet. Das soll nicht maßgebend sein. Man könnte sich z.B. an den zusammenstoßenden Enden u.a. auch eine entsprechende Verkröpfung der Flacheisen vorstellen, um den Ankerdruck auf eine größere Fläche zu verteilen.

Dem kundigen Fachmann wird es einleuchten, daß in einer nach Abbildung 39 verankerten Strecke keine in noch so außergewöhnlicher Richtung auftretende Kluft zwischen den Ankerreihen durchschlüpfen könnte. Das ganze Ausbausystem ist so ineinander verschränkt und verzahnt, daß Dachschollen, wie sie in den Abbildungen 9 - 11 in den Streckenraum abkippen, in jeder Richtung abgefangen werden müssen. Das ganze Dach bildet eine je nach der Länge der Anker mehr oder weniger dicke aber gelenkige "Panzermatte", die an vielen verschränkt zueinander gesetzten Stoßankern aufgehängt ist.

Eine absolute Sicherheit gegen herabfallende Gesteinbrocken könnte außerdem noch mittels eines vor dem Anlegen der Flacheisen am Hangenden abzurollenden Maschendrahtes erreicht werden, wenn man erfahrungsgemäß befürchten muß, daß die Dachschichten bei Beanspruchung sehr gebräch werden.

Es braucht nicht besonders betont zu werden, daß es zur weiteren Sicherung gehört, die Ladestelle des vorbeigehenden Strebs durch starke Unterzüge auf nachgiebigen Stahlstempeln zu schützen, die in angemessenem Abstand vor dem Streb bis in gleicher Entfernung hinter dem Streb wandernd einzusetzen wären. Denn am Strebausgang könnten sonst vielleicht die Stoßanker ihr Auflager verlieren.

Zu erwähnen wäre noch, daß an Stelle der Flacheisen für die Vergitterung natürlich auch geeignete Profil- oder Rundeisen, letzten Endes auch Drahtseile gewählt werden können. Ausschlaggebend ist immer die in etwa elastische Verbindung aller Anker miteinander, die Verteilung der Last des Hangenden auf größere Fläche.

In der Abbildung 40 links ist die Stellung der Anker für den Fall festerer Dachschichten - auch für steiles Einfallen geeignet - angegeben. Abwechselnd sind in den benachbarten Reihen drei und vier Anker vorgesehen, die Stoßanker zum Abfangen der längsseitigen Scherklüfte in der gleichen Stellung wie in der Abbildung 39.

In jeder zweiten Reihe sind Mittelanker angebracht in einer bankrecht durch die Streckenachse gehenden Ebene um 45° geneigt, und zwar in der Abbaurichtung ansteigend. Sie haben so die von GRÄBSCH hervorgehobenen Vorteile der bankrechten Anker, ohne deren in dieser Arbeit festgestellten Nachteilen zu unterliegen. Der Ankerfuß wird nämlich immer früher vom Abbau angezogen und den statischen und dynamischen Schubbewegungen unterworfen als der Ankerkopf. So kann der Anker nicht locker werden. Außerdem wird er in dieser Stellung die quer durch die Strecke streichenden tektonischen Klüfte abfangen.

In den Zwischenreihen sind je zwei Anker zwischen Mitte und Streckenstoß gesetzt, in Abbaurichtung diagonal ansteigend, und zwar einmal zum Unterstoß, das andere Mal zum Oberstoß abgedreht.

Auch hier kann man wiederum von einer verschränkten Stellung der Anker sprechen. Alle Klüfte, deren weniger häufiges Auftreten ja vorausgesetzt wird, werden auch hier wieder von den Ankern durchstoßen, wenn diese lang genug sind.

Die unterflächige Hangendsicherung ist wie im Falle der Abbildung 39 als diagonal abgewinkeltes Gitternetz ausgebildet, also auch verschränkt, und zeigt mit der Spitze ebenfalls in Abbaurichtung. Es stünde im Bedarfsfalle nichts im Wege, zu einer besseren Absicherung gegen Steinfall mehr Verbindungselemente (Abstandshalter) vorzusehen.

VII. Zusammenfassung und Schlußbetrachtungen

Die Beobachtungen in der Versuchsstrecke von Flöz Sonnenschein der Schachtanlage Constantin 4/5 und die auf Grund der dort gemachten teilweise negativen Erfahrungen daran angeschlossenen Überlegungen haben zu folgendem Ergebnis geführt:

Es ist durchaus möglich, das Hangende einer Abbaustrecke, an der zweimal ein Rückbau entlang geführt, die also wiederholt einseitig durch den Abbau beansprucht werden soll, mit Hilfe von Gebirgsankern vollkommen sicher auszubauen.

Ermöglicht wird das durch ein hier gedanklich entwickeltes System einer verschränkten Verdübelung und Vergitterung des Hangenden. Dadurch wird nämlich erreicht, daß alle beim Abbau auftretenden Schubbewegungen der Dachschichten, wie auch ihre Bewegungen auf Klüften, elastisch abgefangen werden und die Auflast des Streckendaches auf eine große Anzahl von Stoßankern verteilt wird.

Grundsätzlich wird bei der hier entwickelten Art der Hangendsicherung von dem üblichen quer zur Strecke angeordneten Ausbau abgegangen. Das ist ein wesentliches Merkmal des Verfahrens und soll der vollkommenen Sicherung gegen ein Hereinbrechen des Streckendaches dienen.

Es ist beabsichtigt, nach dem hier beschriebenen Verfahren zunächst in einigen mächtigen Flözen der Schachtanlagen Constantin 6/7 und Mont Cenis Versuche durchzuführen. Nach deren Beendigung soll eine Kostengegenüberstellung der einzelnen Ausbauarten im Zusammenhang mit der <u>Frage der Eignung des Gebirgsankerausbaus zur Erleichterung des Streckenvortriebs zum Zwecke der Herrichtung des Rückbaus</u> das Untersuchungsthema endgültig abschließen. Nach dem schon jetzt gewonnenen Überblick dürfte zu erwarten sein, daß die gestellte Frage positiv beantwortet werden kann.

Vorher jedoch sind nach Untersuchungen darüber anzustellen, mit welchen Geräten die für die Verankerung notwendigen Bohrlöcher in den gemäß den hier gemachten Vorschlägen verschieden geneigten Stellungen so schnell hergestellt werden können, daß für den angestrebten beschleunigten Streckenvortrieb nicht etwa beim Bohren der engste Querschnitt liegen würde.

Zunächst bietet sich als einfachste Lösung für die Beschleunigung der Absicherung des Hangenden beim Streckenvortrieb folgendes Verfahren an: Ein verschränktes Flacheisenpaar wird mit Hilfe der Verbindungselemente (Abstandshalter) an das vorhergehende angehängt, dann das Bohrloch für den Mittelanker gebohrt und dieser Anker gesetzt; die beiden zugehörigen Stoßanker werden anschließend eingebracht. Für die Sicherung des Hangenden während des Streckenvortriebs, insbesondere beim Hochschießen des Liegenden, dürfte der so dreifach angeheftete Ausbau genügen. Das Setzen der restlichen Dübel hätte nachträglich, losgelöst von den übrigen Arbeiten, zu geschehen, jedenfalls vor der Annäherung des Abbaus.

Eine offene Frage bleibt dann noch die mit den gewöhnlichen dem Betrieb zur Verfügung stehenden Mitteln erreichbare Zuverlässigkeit des Festtreibens der Anker. Gesteinsuntersuchungen und Zugversuche erscheinen zu diesem Zweck zu kompliziert. Es müssen vielmehr Mittel und Wege gefunden werden, die sozusagen narrensicher die Befestigung der Anker bewirken, unabhängig davon, ob der Ankerkopf ein unbedingt festes Widerlager gefunden hat oder nicht. In diesem Sinne sollen auf Constantin ebenfalls noch Untersuchungen angestellt werden. Als übermäßig wichtig allerdings möchte der Berichterstatter dieses Problem nicht ansehen. Durch die verschränkte Stellung wird bei weniger schubfesten Schichten immer eine mehr oder weniger starke Verbiegung der Anker und damit ein größerer Widerstand gegen das Herausrutschen entstehen. Die Sicherheit wäre dann ausreichend, so daß man sich beruhigt Gedanken lediglich darüber zu machen brauchte, wie diese Sicherheit möglichst billig zu erreichen ist.

Rudolf BALS, Bochum

VIII. Literaturverzeichnis

(1) HEIDEMANN, W.   Vergleichende Untersuchungen der Produktivität im amerikanischen und im Ruhrbergbau und Nutzanwendung für weitere Mechanisierung und Rationalisierung an der Ruhr als Ergebnis einer Studienreise durch die Vereinigten Staaten. Glückauf 88 (1952) S. 145

(2)   Möglichkeiten einer Rationalisierung im westeuropäischen Steinkohlenbergbau durch Umstellung auf Rückbau, seine Vorbereitung und Durchführung beim heutigen Stande der Technik. Glückauf 88 (1952). Beiheft: Beiträge deutscher Verfasser zum Jahrhundertkongreß der Société de l' Industrie Minérale. S. 129

(3) MIDDENDORF, H. und O. JACOBI   Ankerausbau in Abbaustrecken. Glückauf 88 (1952) S. 636

(4) SCHULTZE, E. und H. MUHS   Bodenuntersuchungen für Ingenieurbauten. Berlin 1950

(5) BALS, R.   Überlegungen über die Wirkung von Gebirgsankern in Abbaustrecken. Schriftwechsel mit dem Oberbergamt Dortmund 1952

(6) GRÄBSCH, W.   Die Gebirgsdynamik in und über einer Abbaustrecke im Steinkohlenbergbau. Dissertation Aachen 1953

(7)   Neuere Erkenntnisse über die Gebirgsbewegungen beim Ankerausbau in Abbaustrecken. Glückauf 89 (1953) S. 1037

(8) ECKARDT, A.   Die mechanischen Einwirkungen des Abbaus auf das Verhalten des Gebirges. Glückauf 49 (1913) S. 353 u. 397

(9)   Der Einfluß des Abbaues auf die Tagesoberfläche. Glückauf 50 (1914) S. 449 u. 485

(10) JACOBI, O.   Zur Statik des Ankerausbaus. Bergfreiheit 17 (1952) S. 9

(11) HOFFMANN, H.   Wirkungsweise und Anordnung der Anker in Abbaustrecken. Glückauf 91 (1955) S. 239

FORSCHUNGSBERICHTE
DES WIRTSCHAFTS- UND VERKEHRSMINISTERIUMS
NORDRHEIN-WESTFALEN

Herausgegeben von Staatssekretär Prof. Leo Brandt

HEFT 1
Prof. Dr.-Ing. E. Flegler, Aachen
Untersuchungen oxydischer Ferromagnet-Werkstoffe
1952, 20 Seiten, DM 6,75

HEFT 2
Prof. Dr. W. Fuchs, Aachen
Untersuchungen über absatzfreie Teeröle
1952, 32 Seiten, 5 Abb., 6 Tabellen, DM 10,—

HEFT 3
Techn.-Wissenschaftl. Büro für die Bastfaserindustrie, Bielefeld
Untersuchungsarbeiten zur Verbesserung des Leinenwebstuhls
1952, 44 Seiten, 7 Abb., 3 Tabellen, DM 12,50

HEFT 4
Prof. Dr. E. A. Müller und Dipl.-Ing. H. Spitzer, Dortmund
Untersuchungen über die Hitzebelastung in Hüttebetrieben
1952, 28 Seiten, 5 Abb., 1 Tabelle, DM 9,—

HEFT 5
Dipl.-Ing. W. Fister, Aachen
Prüfstand der Turbinenuntersuchungen
1952, 40 Seiten, 30 Abb., 3 Schaltbilder, DM 1,—

HEFT 6
Prof. Dr. W. Fuchs, Aachen
Untersuchungen über die Zusammensetzung und Verwendbarkeit von Schwelteerfraktionen
1952, 36 Seiten, DM 10.50

HEFT 7
Prof. Dr. W. Fuchs, Aachen
Untersuchungen über emsländisches Petrolatum
1952, 36 Seiten, 1 Abb., 17 Tabellen, DM 10,50

HEFT 8
M. E. Meffert und H. Stratmann, Essen
Algen-Großkulturen im Sommer 1951
1953, 52 Seiten, 4 Abb., 20 Tabellen, DM 9,75

HEFT 9
Techn.-Wissenschaftl. Büro für die Bastfaserindustrie, Bielefeld
Untersuchungen über die zweckmäßige Wicklungsart von Leinengarnkreuzspulen unter Berücksichtigung der Anwendung hoher Geschwindigkeiten des Garnes
Vorversuche für Zetteln und Schären von Leinengarnen auf Hochleistungsmaschinen
1952, 48 Seiten, 7 Abb., 7 Tabellen, DM 9,25

HEFT 10
Prof. Dr. W. Vogel, Köln
„Das Streifenpaar" als neues System zur mechanischen Vergrößerung kleiner Verschiebungen und seine technischen Anwendungsmöglichkeiten
1953, 20 Seiten, 6 Abb., DM 4,50

HEFT 11
Laboratorium für Werkzeugmaschinen und Betriebslehre, Technische Hochschule Aachen
1. Untersuchungen über Metallbearbeitung im Fräsvorgang mit Hartmetallwerkzeugen und negativem Spanwinkel
2. Weiterentwicklung des Schleifverfahrens für die Herstellung von Präzisionswerkstücken unter Vermeidung hoher Temperaturen
3. Untersuchung von Oberflächenveredlungsverfahren zur Steigerung der Belastbarkeit hochbeanspruchter Bauteile
1953, 80 Seiten, 61 Abb., DM 15,75

HEFT 12
Elektrowärme-Institut, Langenberg (Rhld.)
Induktive Erwärmung mit Netzfrequenz
1952, 22 Seiten 6 Abb., DM 5,20

HEFT 13
Techn.-Wissenschaftl. Büro für die Bastfaserindustrie, Bielefeld
Das Naßspinnen von Bastfasergarnen mit chemischen Zusätzen zum Spinnbad
1953, 52 Seiten, 4 Abb., 19 Tabellen, DM 10,—

HEFT 14
Forschungsstelle für Acetylen, Dortmund
Untersuchungen über Aceton als Lösungsmittel für Acetylen
1952, 64 Seiten, 10 Abb., 26 Tabellen, DM 12,25

HEFT 15
Wäschereiforschung Krefeld
Trocknen von Wäschestoffen
1953, 48 Seiten, 14 Abb., 2 Tabellen, DM 9,—

HEFT 16
Max-Planck-Institut für Kohlenforschung, Mülheim a. d. Ruhr
Arbeiten des MPI für Kohlenforschung
1953, 104 Seiten, 9 Abb., DM 17,80

HEFT 17
Ingenieurbüro Herbert Stein, M.-Gladbach
Untersuchung der Verzugsvorgänge in den Streckwerken verschiedener Spinnereimaschinen. 1. Bericht: Vergleichende Prüfung mit verschiedenen Dickenmeßgeräten
1952, 36 Seiten, 15 Abb., DM 8,—

HEFT 18
Wäschereiforschung Krefeld
Grundlagen zur Erfassung der chemischen Schädigung beim Waschen
1953, 68 Seiten, 15 Abb., 15 Tabellen, DM 12,75

HEFT 19
Techn.-Wissenschaftl. Büro für die Bastfaserindustrie, Bielefeld
Die Auswirkung des Schlichtens von Leinengarnketten auf den Verarbeitungswirkungsgrad, sowie die Festigkeit und Dehnungsverhältnisse der Garne und Gewebe
1953, 48 Seiten, 1 Abb., 9 Tabellen, DM 9,—

HEFT 20
Techn.-Wissenschaftl. Büro für die Bastfaserindustrie, Bielefeld
Trocknung von Leinengarnen I
Vorgang und Einwirkung auf die Garnqualität
1953, 62 Seiten, 18 Abb., 5 Tabellen, DM 12,—

HEFT 21
Techn.-Wissenschaftl. Büro für die Bastfaserindustrie, Bielefeld
Trocknung von Leinengarnen II
Spulenanordnung und Luftführung beim Trocknen von Kreuzspulen
1953, 66 Seiten, 22 Abb., 9 Tabellen, DM 13,—

HEFT 22
Techn.-Wissenschaftl. Büro für die Bastfaserindustrie, Bielefeld
Die Reparaturanfälligkeit von Webstühlen
1953, 28 Seiten, 7 Abb., 5 Tabellen, DM 5,80

HEFT 23
Institut für Starkstromtechnik, Aachen
Rechnerische und experimentelle Untersuchungen zur Kenntnis der Metadyne als Umformer von konstanter Spannung auf konstanten Strom
1953, 52 Seiten, 20 Abb., 4 Tafeln, DM 9,75

HEFT 24
Institut für Starkstromtechnik, Aachen
Vergleich verschiedener Generator-Metadyne-Schaltungen in bezug auf statisches Verhalten
1952, 44 Seiten, 23 Abb., DM 8,50

HEFT 25
Gesellschaft für Kohlentechnik mbH., Dortmund-Eving
Struktur der Steinkohlen und Steinkohlen-Kokse
1953, 58 Seiten, DM 11,—

HEFT 26
Techn.-Wissenschaftl. Büro für die Bastfaserindustrie, Bielefeld
Vergleichende Untersuchungen zweier neuzeitlicher Ungleichmäßigkeitsprüfer für Bänder und Garne hinsichtlich ihrer Eignung für die Bastfaserspinnerei
1953, 64 Seiten, 30 Abb., DM 12,50

HEFT 27
Prof. Dr. E. Schratz, Münster
Untersuchungen zur Rentabilität des Arzneipflanzenanbaues Römische Kamille, Anthemis nobilis L.
1953, 16 Seiten, 1 Tabelle, DM 3,60

HEFT 28
Prof. Dr. E. Schratz, Münster
Calendula officinalis L. Studien zur Ernährung, Blütenfüllung und Rentabilität der Drogengewinnung
1953, 24 Seiten, 2 Abb., 3 Tabellen, DM 5,20

HEFT 29
Techn.-Wissenschaftl. Büro für die Bastfaserindustrie, Bielefeld
Die Ausnützung der Leinengarne in Geweben
1953, 100 Seiten, 14 Abb., 10 Tabellen, DM 17,80

HEFT 30
Gesellschaft für Kohlentechnik mbH., Dortmund-Eving
Kombinierte Entaschung und Verschwelung von Steinkohle; Aufarbeitung von Steinkohlenschlämmen zu verkokbarer oder verschwelbarer Kohle
1953, 56 Seiten, 16 Abb., 10 Tabellen, DM 10,50

HEFT 31
Dipl.-Ing. A. Stormanns, Essen
Messung des Leistungsbedarfs von Doppelsteg-Kettenförderern
1954, 54 Seiten, 18 Abb., 3 Anlagen, DM 11,—

HEFT 32
Techn.-Wissenschaftl. Büro für die Bastfaserindustrie, Bielefeld
Der Einfluß der Natriumchloridbleiche auf Qualität und Verwebbarkeit von Leinengarnen und die Eigenschaften der Leinengewebe unter besonderer Berücksichtigung des Einsatzes von Schützen- und Spulenwechselautomaten in der Leinenweberei
1953, 92 Seiten, 2 Abb., 12 Tabellen, DM 11,50

HEFT 33
Kohlenstoffbiologische Forschungsstation e. V.
Eine Methode zur Bestimmung von Schwefeldioxyd und Schwefelwasserstoff in Rauchgasen und in der Atmosphäre
1953, 32 Seiten, 8 Abb., 3 Tabellen, DM 6.50

HEFT 34
Textilforschungsanstalt Krefeld
Quellungs- und Entquellungsvorgänge bei Faserstoffen
1953, 52 Seiten, 13 Abb., 13 Tabellen, DM 9,80

WESTDEUTSCHER VERLAG · KÖLN UND OPLADEN

HEFT 35
Professor Dr. W. Kast, Krefeld
Feinstrukturuntersuchungen an künstlichen Zellulosefasern verschiedener Herstellungsverfahren.
Teil 1: Der Orientierungszustand
1953, 74 Seiten, 30 Abb., 7 Tabellen, DM 13,80

HEFT 36
Forschungsinstitut der feuerfesten Industrie, Bonn
Untersuchungen über die Trocknung von Rohton
Untersuchungen über die chemische Reinigung von Silika- und Schamotte-Rohstoffen mit chlorhaltigen Gasen
1953, 60 Seiten, 5 Abb., 5 Tabellen, DM 11,—

HEFT 37
Forschungsinstitut der feuerfesten Industrie, Bonn
Untersuchungen über den Einfluß der Probenvorbereitung auf die Kaltdruckfestigkeit feuerfester Steine
1953, 40 Seiten, 2 Abb., 5 Tabellen, DM 7,80

HEFT 38
Forschungsstelle für Acetylen, Dortmund
Untersuchungen über die Trocknung von Acetylen zur Herstellung von Dissousgas
1953, 36 Seiten, 11 Abb., 3 Tabellen, DM 6,80

HEFT 39
Forschungsgesellschaft Blechverarbeitung e. V., Düsseldorf
Untersuchungen an prägegemusterten und vorgelochten Blechen
1953, 46 Seiten, 34 Abb., DM 9,50

HEFT 40
Landesgeologe Dr.-Ing. W. Wolff, Amt für Bodenforschung, Krefeld
Untersuchungen über die Anwendbarkeit geophysikalischer Verfahren zur Untersuchung von Spateisengängen im Siegerland
1953, 46 Seiten, 8 Abb., DM 8,80

HEFT 41
Techn.-Wissenschaftl. Büro für die Bastfaserindustrie, Bielefeld
Untersuchungsarbeiten zur Verbesserung des Leinenwebstuhles II
1953, 40 Seiten, 4 Abb., 5 Tabellen, DM 7,80

HEFT 42
Professor Dr. B. Helferich, Bonn
Untersuchungen über Wirkstoffe — Fermente — in der Kartoffel und die Möglichkeit ihrer Verwendung
1953, 58 Seiten, 9 Abb., DM 11,—

HEFT 43
Forschungsgesellschaft Blechverarbeitung e. V., Düsseldorf
Forschungsergebnisse über das Beizen von Blechen
1953, 48 Seiten, 38 Abb., 2 Tabellen, DM 11,30

HEFT 44
Arbeitsgemeinschaft für praktische Dehnungsmessung, Düsseldorf
Eigenschaften und Anwendungen von Dehnungsmeßstreifen
1953, 68 Seiten, 43 Abb., 2 Tabellen, DM 13,70

HEFT 45
Losenhausenwerk Düsseldorfer Maschinenbau AG., Düsseldorf
Untersuchungen von störenden Einflüssen auf die Lastgrenzenanzeige von Dauerschwingprüfmaschinen
1953, 36 Seiten, 11 Abb., 3 Tabellen, DM 7,25

HEFT 46
Prof. Dr. W. Fuchs, Aachen
Untersuchungen über die Aufbereitung von Wasser für die Dampferzeugung in Benson-Kesseln
1953, 58 Seiten, 18 Abb., 9 Tabellen, DM 11,20

HEFT 47
Prof. Dr.-Ing. K. Krekeler, Aachen
Versuche über die Anwendung der induktiven Erwärmung zum Sintern von hochschmelzenden Metallen sowie zur Anlegierung und Vergütung von aufgespritzten Metallschichten mit dem Grundwerkstoff
1954, 66 Seiten, 39 Abb., DM 13,90

HEFT 48
Max-Planck-Institut für Eisenforschung, Düsseldorf
Spektrochemische Analyse der Gefügebestandteile in Stählen nach ihrer Isolierung
1953, 38 Seiten, 8 Abb., 4 Tabellen, DM 7,80

HEFT 49
Max-Planck-Institut für Eisenforschung, Düsseldorf
Untersuchungen über Ablauf der Desoxydation und die Bildung von Einschlüssen in Stählen
1953, 52 Seiten, 19 Abb., 3 Tabellen, DM 12,40

HEFT 50
Max-Planck-Institut für Eisenforschung, Düsseldorf
Flammenspektralanalytische Untersuchung der Ferritzusammensetzung in Stählen
1953, 44 Seiten, 15 Abb., 4 Tabellen, DM 8,60

HEFT 51
Verein zur Förderung von Forschungs- und Entwicklungsarbeiten in der Werkzeugindustrie e. V., Remscheid
Untersuchungen an Kreissägeblättern für Holz, Fehler- und Spannungsprüfverfahren
1953, 50 Seiten, 23 Abb., DM 10,—

HEFT 52
Forschungsstelle für Acetylen, Dortmund
Untersuchungen über den Umsatz bei der explosiblen Zersetzung von Azetylen
a) Zersetzung von gasförmigem Azetylen
b) Zersetzung von an Silikagel adsorbiertem Azetylen
1954, 48 Seiten, 8 Abb., 10 Tabellen, DM 9,25

HEFT 53
Professor Dr.-Ing. H. Opitz, Aachen
Reibwert und Verschleißmessungen an Kunststoffgleitführungen für Werkzeugmaschinen
1954, 38 Seiten, 18 Abb., DM 8,20

HEFT 54
Professor Dr.-Ing. F. A. F. Schmidt, Aachen
Schaffung von Grundlagen für die Erhöhung der spez. Leistung und Herabsetzung des spez. Brennstoffverbrauches bei Ottomotoren mit Teilbericht über Arbeiten an einem neuen Einspritzverfahren
1954, 34 Seiten, 15 Abb., DM 7,40

HEFT 55
Forschungsgesellschaft Blechverarbeitung e. V. Düsseldorf
Chemisches Glänzen von Messing und Neusilber
1954, 50 Seiten, 21 Abb., 1 Tabelle, DM 10,20

HEFT 56
Forschungsgesellschaft Blechverarbeitung e. V., Düsseldorf
Untersuchungen über einige Probleme der Behandlung von Blechoberflächen
1954, 52 Seiten, 42 Abb., DM 11,20

HEFT 57
Prof. Dr.-Ing. F. A. F. Schmidt, Aachen
Untersuchungen zur Erforschung des Einflusses des chemischen Aufbaues des Kraftstoffes auf sein Verhalten im Motor und in Brennkammern von Gasturbinen
1954, 70 Seiten, 32 Abb., DM 14,60

HEFT 58
Gesellschaft für Kohlentechnik mbH., Dortmund
Herstellung und Untersuchung von Steinkohlenschwelteer
1954, 74 Seiten, 9 Abb., 9 Tabellen, DM 13,75

HEFT 59
Forschungsinstitut der Feuerfest-Industrie e. V., Düsseldorf
Ein Schnellanalysenverfahren zur Bestimmung von Aluminiumoxyd, Eisenoxyd und Titanoxyd in feuerfestem Material mittels organischer Farbreagenzien auf photometrischem Wege
Untersuchungen des Alkali-Gehaltes feuerfester Stoffe mit dem Flammenphotometer nach Riehm-Lange
1954, 62 Seiten, 12 Abb., 3 Tabellen, DM 11,60

HEFT 60
Forschungsgesellschaft Blechverarbeitung e. V., Düsseldorf
Untersuchungen über das Spritzlackieren im elektrostatischen Hochspannungsfeld
1954, 82 Seiten, 53 Abb., 7 Tabellen, DM 17,—

HEFT 61
Verein zur Förderung von Forschungs- und Entwicklungsarbeiten in der Werkzeugindustrie e. V., Remscheid
Schwingungs- und Arbeitsverhalten von Kreissägeblättern für Holz
1954, 54 Seiten, 31 Abb., DM 11,40

HEFT 62
Professor Dr. W. Franz, Institut für theoretische Physik der Universität Münster
Berechnung des elektrischen Durchschlags durch feste und flüssige Isolatoren
1954, 36 Seiten, DM 7,—

HEFT 63
Textilforschungsanstalt Krefeld
Neue Methoden zur Untersuchung der Wirkungsweise von Textilhilfsmitteln
Untersuchungen über Schlichtungs- und Entschlichtungsvorgänge
1954, 34 Seiten, 1 Abb., 5 Tabellen, DM 6,80

HEFT 64
Textilforschungsanstalt Krefeld
Die Kettenlängenverteilung von hochpolymeren Faserstoffen
Über die fraktionierte Fällung von Polyamiden
1954, 44 Seiten, 13 Abb., DM 8,60

HEFT 65
Fachverband Schneidwarenindustrie, Solingen
Untersuchungen über das elektrolytische Polieren von Tafelmesserklingen aus rostfreiem Stahl
1954, 90 Seiten, 38 Abb., 9 Tabellen, DM 17,35

HEFT 66
Dr.-Ing. P. Füsgen VDI †, Düsseldorf
Untersuchungen über das Auftreten des Ratterns bei selbsthemmenden Schneckengetrieben und seine Verhütung
1954, 32 Seiten, 5 Abb., DM 6,60

HEFT 67
Heinrich Wösthoff o. H. G., Apparatebau, Bochum
Entwicklung einer chemisch-physikalischen Apparatur zur Bestimmung kleinster Kohlenoxyd-Konzentrationen
1954, 94 Seiten, 48 Abb., 2 Tabellen, DM 18,25

HEFT 68
Kohlenstoffbiologische Forschungsstation e. V., Essen
Algengroßkulturen im Sommer 1952
II. Über die unsterile Großkultur von Scenedesmus obliquus
1954, 62 Seiten, 3 Abb., 29 Tabellen, DM 11,40

HEFT 69
Wäschereiforschung Krefeld
Bestimmung des Faserabbaues bei Leinen unter besonderer Berücksichtigung der Leinengarnbleiche
1954, 48 Seiten, 15 Abb., 3 Tabellen, DM 9,60

HEFT 70
Wäschereiforschung Krefeld
Trocknen von Wäschestoffen
1954, 52 Seiten, 18 Abb., 3 Tabellen, DM 10,—

HEFT 71
Prof. Dr.-Ing. K. Leist, Aachen
Kleingasturbinen, insbesondere zum Fahrzeugantrieb
1954, 114 Seiten, 85 Abb., DM 22,—

HEFT 72
Prof. Dr.-Ing. K. Leist, Aachen
Beitrag zur Untersuchung von stehenden geraden Turbinengittern mit Hilfe von Druckverteilungsmessungen
1954, 152 Seiten, 111 Abb., DM 36,20

HEFT 73
Prof. Dr.-Ing. K. Leist, Aachen
Spannungsoptische Untersuchungen von Turbinenschaufelfüßen
1954, 66 Seiten, 46 Abb., 2 Tabellen, DM 14,60

HEFT 74
Max-Planck-Institut für Eisenforschung, Düsseldorf
Versuche zur Klärung des Umwandlungsverhaltens eines sonderkarbidbildenden Chromstahls
1954, 58 Seiten, 10 Abb., DM 14,—

HEFT 75
Max-Planck-Institut für Eisenforschung, Düsseldorf
Zeit-Temperatur-Umwandlungs-Schaubilder als Grundlage der Wärmebehandlung der Stähle
1954, 44 Seiten, 13 Abb., DM 8,70

HEFT 76
Max-Planck-Institut für Arbeitsphysiologie, Dortmund
Arbeitstechnische und arbeitsphysiologische Rationalisierung von Mauersteinen
1954, 52 Seiten, 12 Abb., 3 Tabellen, DM 10,20

HEFT 77
Meteor Apparatebau Paul Schmeck GmbH., Siegen
Entwicklung von Leuchtstoffröhren hoher Leistung
1954, 46 Seiten, 12 Abb., 2 Tabellen, DM 9,15

HEFT 78
Forschungsstelle für Acetylen, Dortmund
Über die Zustandsgleichung des gasförmigen Acetylens und das Gleichgewicht Acetylen — Aceton
1954, 42 Seiten, 3 Abb., 8 Tabellen, DM 8,—

HEFT 79
Techn.-Wissenschaftl. Büro für die Bastfaserindustrie, Bielefeld
Trocknung von Leinengarnen III
Spinnspulen- und Spinnkopstrocknung
Vorgang und Einwirkung auf die Garnqualität
1954, 74 Seiten, 18 Abb., 10 Tabellen, DM 14,—

WESTDEUTSCHER VERLAG · KÖLN UND OPLADEN

HEFT 80
Techn.-Wissenschaftl. Büro für die Bastfaserindustrie, Bielefeld
Die Verarbeitung von Leinengarn auf Webstühlen mit und ohne Oberbau
1954, 30 Seiten, 2 Abb., 2 Tabellen, DM 6,—

HEFT 81
Prüf- und Forschungsinstitut für Ziegeleierzeugnisse, Essen-Kray
Die Einführung des großformatigen Einheits-Gitterziegels im Lande Nordrhein-Westfalen
1954, 54 Seiten, 2 Abb., 2 Tabellen, DM 10,—

HEFT 82
Vereinigte Aluminium-Werke AG., Bonn
Forschungsarbeiten auf dem Gebiet der Veredelung von Aluminium-Oberflächen
1954, 46 Seiten, 34 Abb., DM 9,60

HEFT 83
Prof. Dr. S. Strugger, Münster
Über die Struktur der Proplastiden
1954, 30 Seiten, 15 Abb., DM 8,40

HEFT 84
Dr. H. Baron, Düsseldorf
Über Standardisierung von Wundtextilien
1954, 32 Seiten, DM 6,40

HEFT 85
Textilforschungsanstalt Krefeld
Physikalische Untersuchungen an Fasern, Fäden, Garnen und Geweben:
Untersuchungen am Knickscheuergerät nach Weltzien
1954, 40 Seiten, 11 Abb., 8 Tabellen, DM 10,—

HEFT 86
Prof. Dr.-Ing. H. Opitz, Aachen
Untersuchungen über das Fräsen von Baustahl sowie über den Einfluß des Gefüges auf die Zerspanbarkeit
1954, 108 Seiten, 73 Abb., 7 Tabellen, DM 22,—

HEFT 87
Gemeinschaftsausschuß Verzinken, Düsseldorf
Untersuchungen über Güte von Verzinkungen
1954, 68 Seiten, 56 Abb., 3 Tabellen, DM 15,30

HEFT 88
Gesellschaft für Kohlentechnik mbH., Dortmund-Eving
Oxydation von Steinkohle mit Salpetersäure
1954, 62 Seiten, 2 Abb., 1 Tabelle, DM 11,50

HEFT 89
Verein Deutscher Ingenieure, Gleitlagerforschung, Düsseldorf und Prof. Dr.-Ing. G. Vogelpohl, Göttingen
Versuche mit Preßstoff-Lagern für Walzwerke
1954, 70 Seiten, 34 Abb., DM 14,10

HEFT 90
Forschungs-Institut der Feuerfest-Industrie, Bonn
Das Verhalten von Silikasteinen im Siemens-Martin-Ofengewölbe
1954, 62 Seiten, 15 Abb., 11 Tabellen, DM 11,90

HEFT 91
Forschungs-Institut der Feuerfest-Industrie, Bonn
Untersuchungen des Zusammenhanges zwischen Leistung und Kohlenverbrauch von Kammeröfen zum Brennen von feuerfesten Materialien
1954, 42 Seiten, 6 Abb., DM 8,30

HEFT 92
Techn.-Wissenschaftl. Büro für die Bastfaserindustrie, Bielefeld und Laboratorium für textile Meßtechnik, M.-Gladbach
Messungen von Vorgängen am Webstuhl
1954, 76 Seiten, 45 Abb., DM 15,50

HEFT 93
Prof. Dr. W. Kast, Krefeld
Spinnversuche zur Strukturerfassung künstlicher Zellulosefasern
1954, 82 Seiten, 39 Abb., 6 Tabellen, DM 16,—

HEFT 94
Prof. Dr. G. Winter, Bonn
Die Heilpflanzen des MATTHIOLUS (1611) gegen Infektionen der Harnwege und Verunreinigung der Wunden bzw. zur Förderung der Wundheilung im Lichte der Antibiotikaforschung
1954, 58 Seiten, 1 Abb., 2 Tabellen, DM 11,50

HEFT 95
Prof. Dr. G. Winter, Bonn
Untersuchungen über die flüchtigen Antibiotika aus der Kapuziner- (Tropaeolum maius) und Gartenkresse (Lepidium sativum) und ihr Verhalten im menschlichen Körper bei Aufnahme von Kapuziner- bzw. Gartenkressensalat per os
1955, 74 Seiten, 9 Abb., 25 Tabellen, DM 14,—

HEFT 96
Dr.-Ing. P. Koch, Dortmund
Austritt von Exoelektronen aus Metalloberflächen unter Berücksichtigung der Verwendung des Effektes für die Materialprüfung
1954, 34 Seiten, 13 Abb., DM 7,—

HEFT 97
Ing. H. Stein, Laboratorium für textile Meßtechnik, M.-Gladbach
Untersuchung der Verzugsvorgänge an den Streckwerken verschiedener Spinnereimaschinen
2. Bericht: Ermittlung der Haft-Gleiteigenschaften von Faserbändern und Vorgarnen
1955, 98 Seiten, 54 Abb., DM 21,—

HEFT 98
Fachverband Gesenkschmieden, Hagen
Die Arbeitsgenauigkeit beim Gesenkschmieden unter Hämmern
1955, 132 Seiten, 55 Abb., 9 Tabellen, DM 24,75

HEFT 99
Prof. Dr.-Ing. G. Garbotz, Aachen
Der Kraft- und Arbeitsaufwand sowie die Leistungen beim Biegen von Bewehrungsstählen in Abhängigkeit von den Abmessungen, den Formen und der Güte der Stähle (Ermittlung von Leistungsrichtlinien)
1955, 136 Seiten, 53 Abb., 3 Anlagen, 18 Tabellen, DM 30,—

HEFT 100
Prof. Dr.-Ing. H. Opitz, Aachen
Untersuchungen von elektrischen Antrieben, Steuerungen und Regelungen an Werkzeugmaschinen
1955, 166 Seiten, 71 Abb., 3 Tabellen, DM 31,30

HEFT 101
Prof. Dr.-Ing. H. Opitz, Aachen
Wirtschaftlichkeitsbetrachtungen beim Außenrundschleifen
1955, 100 Seiten, 56 Abb., 3 Tabellen, DM 19,30

HEFT 102
Dr. P. Hölemann, Ing. R. Hasselmann und Ing. G. Dix, Dortmund
Untersuchungen über die thermische Zündung von explosiblen Acetylenzersetzungen in Kapillaren
1954, 44 Seiten, 5 Abb., 4 Tabellen, DM 8,60

HEFT 103
Prof. Dr. W. Weizel, Bonn
Durchführung von experimentellen Untersuchungen über den zeitlichen Ablauf von Funken in komprimierten Edelgasen sowie zu deren mathematischen Berechnung
1955, 46 Seiten, 12 Abb., DM 9,10

HEFT 104
Prof. Dr. W. Weizel, Bonn
Über den Einfluß der Elektroden auf die Eigenschaften von Cadmium-Sulfid-Widerstands-Photozellen
1955, 48 Seiten, 12 Abb., DM 9,45

HEFT 105
Dr.-Ing. R. Meldau, Harsewinkel/Westf.
Auswertung von Gekörn — Analysen des Musterstaubes „Flugasche Fortuna I"
1955, 42 Seiten, 14 Abb., DM 8,50

HEFT 106
ORR. Dr.-Ing. W. Küch, Dortmund
Untersuchungen über die Einwirkung von feuchtigkeitsgesättigter Luft auf die Festigkeit von Leimverbindungen
1954, 60 Seiten, 10 Abb., 6 Tabellen, DM 11,40

HEFT 107
Prof. Dr. H. Lange und Dipl.-Phys. P. St. Pütter, Köln
Über die Konstruktion von Laboratoriumsmagneten
1955, 66 Seiten, 19 Abb., 1 Tabelle, DM 12,30

HEFT 108
Prof. Dr. W. Fuchs, Aachen
Untersuchungen über neue Beizmethoden und Beizabwässer
I. Die Entzunderung von Drähten mit Natriumhydrid
II. Die Aufbereitung von Beizabwässern
1955, 82 Seiten, 15 Abb., 14 Tabellen, 1 Falttafel, DM 15,25

HEFT 109
Dr. P. Hölemann und Ing. R. Hasselmann, Dortmund
Untersuchungen über die Löslichkeit von Azetylen in verschiedenen organischen Lösungsmitteln
1954, 42 Seiten, 10 Abb., 8 Tabellen, DM 8,30

HEFT 110
Dr. P. Hölemann und Ing. R. Hasselmann, Dortmund
Untersuchungen über den Druckverlauf bei der explosiblen Zersetzung von gasförmigem Azetylen
1955, 54 Seiten, 10 Abb., 5 Tabellen, DM 11,—

HEFT 111
Fachverband Steinzeugindustrie, Köln
Die Entwicklung eines Gerätes zur Beschickung seitlicher Feuer von Steinzeug-Einzelkammeröfen mit festen Brennstoffen
1955, 46 Seiten, 16 Abb., DM 9,40

HEFT 112
Prof. Dr.-Ing. H. Opitz, Aachen
Verschleißmessungen beim Drehen mit aktivierten Hartmetallwerkzeugen
1954, 44 Seiten, 17 Abb., 6 Tabellen, DM 8,80

HEFT 113
Prof. Dr. O. Graf, Dortmund
Erforschung der geistigen Ermüdung und nervösen Belastung: Studien über die vegetative 24-Stunden-Rhythmik in Ruhe und unter Belastung
1955, 40 Seiten, 12 Abb., 3 Tabellen, DM 8,20

HEFT 114
Prof. Dr. O. Graf, Dortmund
Studien über Fließarbeitsprobleme an einer praxisnahen Experimentieranlage
1954, 34 Seiten, 6 Abb., DM 7,—

HEFT 115
Prof. Dr. O. Graf, Dortmund
Studium über Arbeitspausen in Betrieben bei freier und zeitgebundener Arbeit (Fließarbeit) und ihre Auswirkung auf die Leistungsfähigkeit
1955, 50 Seiten, 13 Abb., 2 Tabellen, DM 9,80

HEFT 116
Prof. Dr.-Ing. E. Siebel und Dr.-Ing. H. Weiss, Stuttgart
Untersuchungen an einigen Problemen des Tiefziehens — I. Teil
1955, 74 Seiten, 50 Abb., 5 Tabellen, DM 14,50

HEFT 117
Dr.-Ing. H. Beißwänger, Stuttgart, und Dr.-Ing. S. Schwandt, Trier
Untersuchungen an einigen Problemen des Tiefziehens — II. Teil
1955, 92 Seiten, 34 Abb., 8 Tabellen, DM 17,70

HEFT 118
Prof. Dr. E. A. Müller und Dr. H. G. Wenzel, Dortmund
Neuartige Klima-Anlage zur Erzeugung ungleicher Luft- und Strahlungstemperaturen in einem Versuchsraum
1955, 68 Seiten, 10 z. T. mehrfarb. Abb., DM 14,—

HEFT 119
Dr.-Ing. O. Viertel, Krefeld
Wäscherei- und energietechnische Untersuchung einer Gemeinschafts-Waschanlage
1955, 50 Seiten, 18 Abb., DM 10,20

HEFT 120
Dipl.-Ing. A. Weisbecker, Lüdenscheid
Über Anfressung an Reinstaluminium-Schweißnähten bei der elektrolytischen Oxydation
Gebr. Hörstermann GmbH., Velbert
Entwicklung und Erprobung eines neuartigen Gummibandförderers
1955, 46 Seiten, 18 Abb., DM 9,70

HEFT 121
Dr. H. Krebs, Bonn
I. Die Struktur und die Eigenschaften der Halbmetalle
II. Die Bestimmung der Atomverteilung in amorphen Substanzen
III. Die chemische Bindung in anorganischen Festkörpern und das Entstehen metallischer Eigenschaften
1955, 124 Seiten, 36 Abb., 13 Tabellen, DM 22,90

HEFT 122
Prof. Dr. W. Fuchs, Aachen
Untersuchungen zur Verbesserung der Wasseraufbereitung und Wasseranalyse:
Über die Schnellbewertung von Ionenaustauscher
1955, 62 Seiten, 32 Abb., DM 12,30

HEFT 123
Dipl.-Ing. J. Emondts, Aachen
Über Bodenverformungen bei stark gestörtem und mächtigem, wasserführendem Deckgebirge im Aachener Steinkohlengebiet
1955, 196 Seiten, 37 Abb., 10 Tabellen, DM 28,80

HEFT 124
Prof. Dr. R. Seyffert, Köln
Wege und Kosten der Distribution der Hausratwaren im Lande Nordrhein-Westfalen
1955, 74 Seiten, 25 Tabellen, DM 9,—

WESTDEUTSCHER VERLAG · KÖLN UND OPLADEN

HEFT 125
Prof. Dr. E. Kappler, Münster
Eine neue Methode zur Bestimmung von Kondensations-Koeffizienten von Wasser
1955, 46 Seiten, 11 Abb., 1 Tabelle, DM 9,10

HEFT 126
Prof. Dr.-Ing. J. Mathieu, Aachen
Arbeitszeitvergleich
Grundlagen, Methodik u. praktische Durchführung
1955, 70 Seiten, DM 13,—

HEFT 127
Güteschutz Betonstein e. V.,
Arbeitskreis Nordrhein-Westfalen, Dortmund
Die Betonwaren-Gütesicherung im Lande Nordrhein-Westfalen
1955, 58 Seiten, 15 Abb., 3 Tabellen, DM 11,50

HEFT 128
Prof. Dr. O. Schmitz-DuMont, Bonn
Untersuchungen über Reaktionen in flüssigem Ammoniak
1955, 96 Seiten, 11 Abb., 6 Tabellen, DM 17,75

HEFT 129
Prof. Dr.-Ing. J. Mathieu und Dr. C. A. Roos, Aachen
Die Anlernung von Industriearbeitern
I. Ergebnisse einer grundsätzlichen Untersuchung der gegenwärtigen Industriearbeiter-Kurzanlernung
1955, 106 Seiten, DM 19,70

HEFT 130
Prof. Dr.-Ing. J. Mathieu und Dr. C. A. Roos, Aachen
Die Anlernung von Industriearbeitern
II. Beiträge zur Methodenfrage der Kurzanlernung
1955, 108 Seiten, DM 19,90

HEFT 131
Dr. W. Hoerburger, Köln
Versuche zur Biosynthese von Eiweiß aus Kohlenwasserstoff
1955, 34 Seiten, 2 Abb., DM 6,90

HEFT 132
Prof. Dr. W. Seith, Münster
Über Diffusionserscheinungen in festen Metallen
1955, 42 Seiten, 19 Abb., 4 Tabellen, DM 9,10

HEFT 133
Prof. Dr. E. Jenckel, Aachen
Über einen für Schwermetalle selektiven Ionenaustauscher
1955, 48 Seiten, 8 Abb., 13 Tabellen, DM 9,50

HEFT 134
Prof. Dr.-Ing. H. Winterhager, Aachen
Über die elektrochemischen Grundlagen der Schmelzfluß-Elektrolyse von Bleisulfid in geschmolzenen Mischungen mit Bleichlorid
1955, 54 Seiten, 20 Abb., 5 Tabellen, DM 11,80

HEFT 135
Prof. Dr.-Ing. K. Krekeler und Dr.-Ing. H. Peukert, Aachen
Die Änderung der mechanischen Eigenschaften thermoplastischer Kunststoffe durch Warmrecken
1955, 54 Seiten, 27 Abb., DM 11,10

HEFT 136
Dipl.-Phys. P. Pilz, Remscheid
Über spezielle Probleme der Zerkleinerungstechnik von Weichstoffen
1955, 58 Seiten, 19 Abb., 2 Tabellen, DM 11,50

HEFT 137
Prof. Dr. W. Baumeister, Münster
Beiträge zur Mineralstoffernährung der Pflanzen
1955, 64 Seiten, 6 Tabellen, DM 11,80

HEFT 138
Dr. P. Hölemann und Ing. R. Hasselmann, Dortmund
Untersuchungen über die Zersetzungswärme von gasförmigem und in Azeton gelöstem Azetylen
1955, 54 Seiten, 8 Abb., 7 Tabellen, DM 10,40

HEFT 139
Prof. Dr. W. Fuchs, Aachen
Studien über die thermische Zersetzung der Kohle und die Kohlendestillatprodukte
1955, 64 Seiten, 20 Abb., 22 Tabellen, DM 11,80

HEFT 140
Dr.-Ing. G. Hausberg, Essen
Modellversuche an Zyklonen
1955, 78 Seiten, 24 Abb., DM 15,70

HEFT 141
Dr. J. van Calker und Dr. R. Wienecke, Münster
Untersuchungen über den Einfluß dritter Analysenpartner auf die spektrochemische Analyse
1955, 42 Seiten, 15 Abb., DM 9,10

HEFT 142
Dipl.-Ing. G. M. F. Wiebel, Hannover, A. Konermann und A. Ottenheym, Sennelager
Entwicklung eines Kalksandleichtsteines
1955, 38 Seiten, 4 Abb., DM 8,—

HEFT 143
Prof. Dr. F. Wever, Dr. A. Rose und Dipl.-Ing. W. Straßburg, Düsseldorf
Härtbarkeit u. Umwandlungsverhalten der Stähle
1955, 50 Seiten, 12 Abb., 3 Tabellen, DM 10,70

HEFT 144
Prof. Dr. H. Wurmbach, Bonn
Steuerung von Wachstum und Formbildung
1955, 48 Seiten, 19 Abb., DM 10,30

HEFT 145
Dr. G. Hennemann, Werdohl (Westf.)
Beitrag zur Interpretation der modernen Atomphysik
1955, 34 Seiten, DM 10,—

HEFT 146
Dr.-Ing. F. Gruß, Düsseldorf
Sterilisation mit Heißluft
1955, 34 Seiten, 10 Abb., DM 7.70

HEFT 147
Dr.-Ing. W. Rudisch, Unna
Untersuchung einer drehelastischen Elektromagnet-Synchronkupplung
1955, 82 Seiten, 65 Abb., DM 17,70

HEFT 148
Prof. Dr. H. Bittel u. Dipl.-Phys. L. Storm, Münster
Untersuchungen über Widerstandsrauschen
1955, 40 Seiten, 5 Abb., DM 8,40

HEFT 149
Dipl.-Ing. K. Konopicky und Dipl.-Chem. P. Kampa, Bonn
I. Beitrag zur flammenphotometrischen Bestimmung des Calciums.
Dr.-Ing. K. Konopicky, Bonn
II. Die Wanderung von Schlackenbestandteilen in feuerfesten Baustoffen
1955, 54 Seiten, 10 Abb., 5 Tabellen, DM 11,—

HEFT 150
Prof. Dr.-Ing. O. Kienzle und Dipl.-Ing. W. Timmerbeil, Hannover
Das Durchziehen enger Kragen an ebenen Fein- und Mittelblechen
1955, 52 Seiten, 20 Abb., 8 Tabellen, DM 11,30

HEFT 151
Dipl.-Ing. P. Karabasch, Aachen
Feststellung des optimalen Gasgehaltes von Bronzen zur Erzielung druckdichter Gußstücke
in Vorbereitung

HEFT 152
Dipl.-Ing. G. Müller, Köln
Ermittlung der Laufeigenschaften (Vergießbarkeit) von Bronze und Rotguß mittels der Schneider-Gießspirale
1955, 60 Seiten, 33 Abb., DM 13,30

HEFT 153
Prof. Dr. F. Wever, Dr.-Ing. W. A. Fischer und Dipl.-Ing. J. Engelbrecht, Düsseldorf
I. Die Reduktion sauerstoffhaltiger Eisenschmelzen im Hochvakuum mit Wasserstoff und Kohlenstoff
II. Einfluß geringer Sauerstoffgehalte auf das Gefüge und Alterungsverhalten von Reineisen
1955, 54 Seiten, 15 Abb., 2 Tabellen, DM 12,40

HEFT 154
Prof. Dr.-Ing. P. Bardenheuer und Dr.-Ing. W. A. Fischer, Düsseldorf
Die Verschlackung von Titan aus Stahlschmelzen im sauren und basischen Hochfrequenzofen unter verschiedenen Schlacken
1955, 36 Seiten, 10 Abb., 1 Tabelle, DM 7,95

HEFT 155
Dipl.-Phys. K. H. Schirmer, München
Die auf Grau abgestimmte Farbwiedergabe im Dreifarbenbuchdruck
1955, 46 Seiten, 17 Abb., 2 Farbtafeln, DM. 10,—

HEFT 156
Prof. Dr.-Ing. B. von Borries und Mitarbeiter, Düsseldorf
Die Entwicklung regelbarer permanentmagnetischer Elektronenlinsen hoher Brechkraft und eines mit ihnen ausgerüsteten Elektronenmikroskopes neuer Bauart
in Vorbereitung

HEFT 157
Dr. W. Jawtusch, Dr. G. Schuster und Prof. Dr.-Ing. R. Jaeckel, Bonn
Untersuchungen über die Stoßvorgänge zwischen neutralen Atomen und Molekülen
1955, 48 Seiten, 15 Abb., 3 Tabellen, DM 10,50

HEFT 158
Dipl.-Ing. W. Rosenkranz, Meinerzhagen
Ein Beitrag zum Problem der Spannungskorrosion bei Preßprofilen und Preßteilen aus Aluminium-Legierungen
in Vorbereitung

HEFT 159
Dr.-Ing. O. Viertel und O. Oldenroth, Krefeld
Das Bleichen von Weißwäsche mit Wasserstoffsuperoxyd bzw. Natriumhypochlorit beim maschinellen Waschen
1955, 54 Seiten, 23 Abb., 2 Tabellen, DM 11,45

HEFT 160
Prof. Dr. W. Klemm, Münster
Über neue Sauerstoff- und Fluor-haltige Komplexe
1955, 50 Seiten, 13 Abb., 7 Tabellen, DM 10,80

HEFT 161
Prof. Dr. W. Weltzien und Dr. G. Hauschild, Krefeld
Über Silikone und ihre Anwendung in der Textilveredlung
1935, 162 Seiten, 22 Abb., 10 Tabellen, DM 27,—

HEFT 162
Prof. Dr. F. Wever, Prof. Dr. A. Kochendörfer und Dr.-Ing. Chr. Rohrbach, Düsseldorf
Kennzeichnung der Sprödbruchneigung von Stählen durch Messung der Fließspannung, Reißspannung und Brucheinschnürung an dreiachsig beanspruchten Proben
1955, 58 Seiten, 26 Abb., DM 13,—

HEFT 163
Dipl.-Ing. W. Rohs und Text.-Ing. H. Griese, Bielefeld
Untersuchungsarbeiten zur Verbesserung des Leinenwebstuhls III
1955, 80 Seiten, 15 Abb., 18 Tabellen, DM 15,80

HEFT 164
Dr.-Ing. H. Schmachtenberg, Köln
Neuartige Prüfeinrichtungen für Kraftfahrzeuge
1955, 44 Seiten, 23 Abb., DM 9,60

HEFT 165
Dr.-Ing. W. Wilhelm, Aachen
Instationäre Gasströmung im Auspuffsystem eines Zweitaktmotors
1955, 62 Seiten, 31 Abb., 8 Tabellen, DM 13,60

HEFT 166
Prof. Dr. M. v. Stackelberg, Dr. H. Heindze, Dr. H. Hübschke und Dr. K. H. Frangen, Bonn
Kolloidchemische Untersuchungen
1955, 106 Seiten, 8 Abb., 13 Tabellen, DM 21,25

HEFT 167
Prof. Dr.-Ing. F. Schuster, Essen
I. Über die Heißkarburierung von Brenngasen mit Ölen und Teeren
II. Die Strahlungsvorgänge in brennstoffbeheizten Öfen bei verschiedenen Verbrennungsatmosphären
1955, 38 Seiten, 8 Abb., DM 8,30

HEFT 168
Prof. Dr.-Ing. F. Schuster, Essen
I. Luftvorwärmung an Gasfeuerungen
II. Heizwerthöhe von Brenngasen und Wirkungsgrad sowie Gasverbrauch bei der Gasverwendung
III. Sauerstoffangereicherte Luft und feuerungstechnische Kenngrößen von Brenngasen
1955, 60 Seiten, 18 Abb., DM 12,50

HEFT 169
Forschungsinstitut für Pigmente und Lacke, Stuttgart
Arbeiten über die Bestimmung des Gebrauchswertes von Lackfilmen durch physikalische Prüfungen
1955, 70 Seiten, 23 Abb., 4 Tabellen, DM 15,—

HEFT 170
Prof. Dr. F. Wever, Dr. A. Rose und Dipl.-Ing. L. Rademacher, Düsseldorf
Anwendung der Umwandlungsschaubilder auf Fragen der Werkstoffauswahl beim Schweißen und Flammhärten
1955, 64 Seiten, 25 Abb., DM 13,70

WESTDEUTSCHER VERLAG · KÖLN UND OPLADEN

HEFT 171
Wäschereiforschung Krefeld
Untersuchung der Wäscheentwässerung mit Hilfe von Zentrifugen und Pressen
1955, 42 Seiten, 16 Abb., 4 Tabellen, DM 9,70

HEFT 172
Dipl.-Ing. W. Rohs, Dr.-Ing. G. Satlow und Text.-Ing. G. Heller, Bielefeld
Trocknung von Hanfgarnen. Kreuzspultrocknung
1955, 60 Seiten, 7 Abb., 4 Tabellen, DM 10,30

HEFT 173
Prof. Dr. R. Hosemann und Dipl.-Phys. G. Schoknecht, Berlin, vorgelegt von Prof. Dr. W. Kast, Krefeld
Lichtoptische Herstellung und Diskussion der Faltungsquadrate parakristalliner Gitter
in Vorbereitung

HEFT 174
Prof. Dr. W. von Fragstein, Dr. J. Meingast und H. Hoch, Köln
Herstellung von Solen einheitlicher Teilchengröße und Ermittlung ihrer optischen Eigenschaften
1955, 78 Seiten, 80 Abb., 4 Tabellen, DM 18,25

HEFT 175
Dr.-Ing. H. Zeller, Aachen
Beitrag zur eindimensionalen stationären und nichtstationären Gasströmung mit Reibung und Wärmeleitung insbesondere in Rohren mit unstetigen Querschnittsänderungen
in Vorbereitung

HEFT 176
Dipl.-Ing. H. Schöberl, Duisburg
Über die Methoden zur Ermittlung der Verbrennungstemperatur von Brennstoffen und ein Vorschlag zu ihrer Verbesserung
1955, 30 Seiten, 3 Abb., DM 6,50

HEFT 177
Dipl.-Ing. H. Stüdemann, Solingen, und Dr.-Ing. W. Müchler, Essen
Entwicklung eines Verfahrens zur zahlenmäßigen Bestimmung der Schneideigenschaften von Messerklingen
in Vorbereitung

HEFT 178
Prof. Dr. M. von Stackelberg u. Dr. W. Hans, Bonn
Untersuchungen zur Ausarbeitung und Verbesserung von polarographischen Analysenmethoden
1955, 46 Seiten, 14 Abb., DM 10,50

HEFT 179
Dipl.-Ing. H. F. Reineke, Bochum
Entwicklungsarbeiten auf dem Gebiete der Meß- und Regeltechnik
1955, 46 Seiten, 10 Abb., DM 10,—

HEFT 180
Dr.-Ing. W. Piepenburg, Dipl.-Ing. B. Bühling und Bauing. J. Behnke, Köln
Putzarbeiten im Hochbau und Versuche mit aktiviertem Mörtel und mechanischem Mörtelauftrag
1955, 116 Seiten, 31 Abb., 68 Tabellen, DM 23,—

HEFT 181
Prof. Dr. W. Franz, Münster
Theorie der elektrischen Leitvorgänge in Halbleitern und isolierenden Festkörpern bei hohen elektrischen Feldern
1955, 28 Seiten, 2 Abb., 1 Tabelle, DM 6,20

HEFT 182
Dr.-Ing. P. Schenk u. Dr. K. Osterloh, Düsseldorf
Katalytisch-thermische Spaltung von gasförmigen und flüssigen Kohlenwasserstoffen zur Spitzengaserzeugung
1955, 50 Seiten, 11 Abb., 11 Tabellen, DM 10,90

HEFT 183
Dr. W. Bornheim, Köln
Entwicklungsarbeiten an Flaschen- und Ampullen-Behandlungsmaschinen für die pharmazeutische Industrie
in Vorbereitung

HEFT 184
Dr.-Ing. E. Printz, Kettwig
Vollhydraulische Parallel-Kupplung für Ackerschlepper
1955, 32 Seiten, 4 Abb., DM 7,80

HEFT 185
Dipl.-Ing. W. Rohs und Text.-Ing. G. Heller, Bielefeld
Studien an einem neuzeitlichen Kreuzspultrockner für Bastfasergarne mit Wiederbefeuchtungszone
1955, 52 Seiten, 9 Abb., 3 Tabellen, DM 10,70

HEFT 186
Dr. E. Wedekind, Krefeld
Untersuchungen zur Arbeitsbestgestaltung bei der Fertigstellung von Oberhemden in gewerblichen Wäschereien
1955, 124 Seiten, 28 Abb., 6 Tabellen, 2 Falttaf., DM 12,—

HEFT 187
Dipl.-Ing. F. Göttgens, Essen
Über die Eigenarten der Bimetall-, Thermo- und Flammenionisationssicherungsmethode in ihrer Anwendung auf Zündsicherungen
1955, 40 Seiten, 6 Abb., 4 Tabellen, DM 8,40

HEFT 188
W. Kinnebrock, Langenberg (Rhld.)
Der Einfluß des Austausches gleicher Gaskochbrenner bzw. Gaskochbrennerteile auf den Wirkungsgrad und insbesondere auf den CO-Gehalt der Verbrennungsgase
1955, 42 Seiten, 7 Tabellen, DM 8,70

HEFT 189
Fa. E. Leybold's Nachfolger, Köln
I. Ausgewählte Kapitel aus der Vakuumtechnik
II. Zum Verlust anorganisch-nichtflüchtiger Substanzen während der Gefriertrocknung
1955, 52 Seiten, 16 Abb., 3 Tabellen, DM 11,20

HEFT 190
Prof. Dr. A. Neuhaus, Prof. Dr O. Schmitz-DuMont und Dipl.-Chem. H. Reckhard, Bonn
Zur Kenntnis der Alkalititanate
1955, 60 Seiten, 13 Abb., 1 Tabelle, DM 12,20

HEFT 191
Dr. H. Söhngen, Darmstadt
Schwingungsverhalten eines Schaufelkranzes im Vakuum
1955, 36 Seiten, 7 Abb., DM 7,80

HEFT 192
Dipl.-Phys. E. M. Schneider, München
Kohlebogenlampen für Aufnahme und Kopie
1955, 48 Seiten, 21 Abb., 3 Tabellen, DM 10,60

HEFT 193
Prof. Dr. O. Schmitz-DuMont, Bonn
Untersuchungen über neue Pigmentfarbstoffe
in Vorbereitung

HEFT 194
Dr. K. Hecht, Köln
Entwicklung neuartiger physikalischer Unterrichtsgeräte
1955, 42 Seiten, 16 Abb., DM 9,90

HEFT 195
Dr.-Ing. E. Rößger, Köln
Gedanken über einen neuen deutschen Luftverkehr
1955, 342 Seiten, 29 Abb., 122 Tabellen, DM 50,—

HEFT 196
Dipl.-Ing. W. Rohs und Text.-Ing. G. Griese, Bielefeld
Auswirkungen von Garnfehlern bei der Verarbeitung von Leinengarnen
1955, 36 Seiten, 3 Abb., 6 Tabellen, DM 7,80

HEFT 197
Dr. E. Wedekind, Krefeld
Untersuchungen zur Bestimmung der optimalen Arbeitsplatzgröße bei Mehrstuhlarbeit in der Weberei
1955, 92 Seiten, 34 Abb., 6 Tabellen, DM 18,50

HEFT 198
Prof. Dr. J. Weissinger, Karlsruhe
Zur Aerodynamik des Ringflügels. Die Druckverteilung dünner, fast drehsymmetrischer Flügel in Unterschallströmung
1955, 42 Seiten, 5 Abb., DM 9,—

HEFT 199
Textilforschungsanstalt Krefeld
Die Messung von Gewebetemperaturen mittels Temperaturstrahlung
1955, 50 Seiten, 12 Abb., DM 10,90

HEFT 200
R. Seipenbusch, Langenberg (Rhld.)
Spitzengas durch Zusatz von Flüssiggas-, Wassergas- und Flüssiggas-Generatorgas-Gemischen zu Stadtgas
1955, 48 Seiten, 21 Tabellen, DM 10,35

HEFT 201
Dr.-Ing. E. W. Pleines, Frankfurt/Main
Die Sicherheit im Luftverkehr
in Vorbereitung

HEFT 202
Dipl.-Ing. D. Fiecke, Stuttgart/Zuffenhausen
Die Bestimmung der Flugzeugpolaren für Entwurfszwecke. I. Teil: Unterlagen
in Vorbereitung

HEFT 203
Dr. G. Wandel, Bonn
Uferbewachung und Lebendverbauung an den Nordwestdeutschen Kanälen und ihren Zuflüssen sowie an der Ruhr
in Vorbereitung

HEFT 204
Dipl.-Ing. B. Naendorf, Langenberg (Rhld.)
Bestimmung der Brenneigenschaften und des Brennverhaltens verschiedener Gasarten und Einfluß verschiedener Düsengestaltung
1955, 32 Seiten, DM 7,10

HEFT 205
Dr. C. Schaarwächter, Düsseldorf
Über plastische Kupfer-, Eisen-, Phosphor-Legierungen
in Vorbereitung

HEFT 206
Dr. P. Hölemann, Ing. R. Hasselmann und Ing. G. Dix, Dortmund
Untersuchungen über die Vorgänge bei der Zersetzung von in Azeton gelöstem Azetylen
in Vorbereitung

HEFT 207
Prof. Dr.-Ing. H. Opitz, Dipl.-Ing. K. H. Fröhlich und Dipl.-Ing. H. Siebel, Aachen
Richtwerte für das Fräsen von unlegierten und legierten Baustählen mit Hartmetall. I. Teil
in Vorbereitung

HEFT 208
Prof. Dr.-Ing. H. Müller, Essen
Untersuchung von Elektrowärmegeräten für Laienbedienung hinsichtlich Sicherheit und Gebrauchsfähigkeit. I. Untersuchungen an Kochplatten
in Vorbereitung

HEFT 209
Dr. K. Bunge, Leverkusen
Materialabbau in Funkenentladungen. Untersuchungen an Zinkkathoden
in Vorbereitung

HEFT 210
Dr. W. Porschen und Prof. Dr. W. Riezler, Bonn
Langlebige Alphaaktivitäten bei natürlichen Elementen
1955, 40 Seiten, 5 Abb., 4 Tabellen, DM 8,80

HEFT 211
Prof. Dipl.-Ing. W. Sturtzel und Dr.-Ing. W. Graff, Duisburg
Die Versuchsanstalt für Binnenschiffbau, Duisburg
in Vorbereitung

HEFT 212
Dipl.-Ing. H. Spodig, Selm
Untersuchung zur Anwendung der Dauermagnete in der Technik
1955, 44 Seiten, 25 Abb., DM 9,80

HEFT 213
Dipl.-Ing. K. F. Rittinghaus, Aachen
Zusammenstellung eines Meßwagens für Bau- und Raumakustik
in Vorbereitung

HEFT 214
Dr.-Ing. J. Endres, München
Berechnung der optimalen Leistung, Kraftstoffverbräuche und Wirkungsgrade von Einkreis-Turbolader-Strahltriebwerken am Boden und in der Höhe bei Fluggeschwindigkeiten von 0—2000 km/h
in Vorbereitung

HEFT 215
Prof. Dr.-Ing. H. Opitz und Dr.-Ing. G. Weber, Aachen
Einfluß der Wärmebehandlung von Baustählen auf Spanentstehungen, Schnittkraft- und Standzeitverhalten
in Vorbereitung

HEFT 216
Dr. E. Kloth, Köln
Untersuchungen über die Ausbreitung kurzer Schallimpulse bei der Materialprüfung mit Ultraschall
in Vorbereitung

HEFT 217
Rationalisierungskuratorium der Deutschen Wirtschaft (RKW), Frankfurt/Main
Typenvielzahl bei Haushaltgeräten und Möglichkeiten einer Beschränkung
in Vorbereitung

HEFT 218
Dr. F. Keune, Aachen
Bericht über eine Theorie der Strömung um Rotationskörper ohne Anstellung bei Machzahl Eins
1955, 40 Seiten, 8 Abb., 5 Formelblätter, DM 8,80

HEFT 219
Prof. Dr. W. Fuchs, Aachen
Untersuchungen zur Holzabfallverwertung und zur Chemie des Lignins
1955, 54 Seiten, 11 Abb., 15 Tabellen, DM 11,40

WESTDEUTSCHER VERLAG · KÖLN UND OPLADEN

HEFT 220
Prof. Dr. W. Fuchs, Aachen
Die Entwicklung neuer Regel- und Kontroll-Apparate zur coulometrischen Analyse
in Vorbereitung

HEFT 221
Prof. Dr. W. Meyer-Eppler, Bonn
Experimentelle Untersuchungen zum Mechanismus von Stimme und Gehör in der lautsprachlichen Kommunikation
1955, 56 Seiten, 24 Abb., DM 13,45

HEFT 222
Dr. L. Köllner, Münster, und Dipl.-Volkswirt M. Kaiser, Bochum
Die internationale Wettbewerbsfähigkeit der westdeutschen Wollindustrie
in Vorbereitung

HEFT 223
Dr.-Ing. K. Alberti und Dr. F. Schwarz, Köln
Über das Problem Hartbrand-Weichbrand
in Vorbereitung

HEFT 224
Dipl.-Ing. H. Stüdeman und Ing. R. Beu, Solingen
Verfahren zur Prüfung der Korrosionsbeständigkeit von Messerklingen aus rostfreiem Stahl
in Vorbereitung

HEFT 225
Dr.-Ing. E. Barz, Remscheid
Der Spannungszustand von Gattersägeblättern
in Vorbereitung

HEFT 226
Technisch-wissenschaftliches Büro für die Bastfaserindustrie, Bielefeld
Untersuchungen zur Verbesserung des Leinenwebstuhles IV
Die Wirkung verschiedener Kettbaumbremsen auf die Verwebung von Leinengarnen
in Vorbereitung

HEFT 227
Prof. Dr. F. Wever, Düsseldorf und Dr. W. Wepner, Köln
Untersuchung der Alterungsneigung von weichen unlegierten Stählen durch Härteprüfung bei Temperaturen bis 300 Grad C
in Vorbereitung

HEFT 228
Prof. Dr. F. Wever, Dr. W. Koch, Düsseldorf und Dr. B. A. Steinkopf, Dortmund
Spektrochemische Grundlagen der Analyse von Gemischen aus Kohlenmonoxyd, Wasserstoff und Stickstoff
in Vorbereitung

HEFT 229
Prof. Dr. F. Wever, Dr. W. Koch und Dr.-Ing. H. Malissa, Düsseldorf
Über die Anwendung disubstituierter Dithiocarbamate der analytischen Chemie
in Vorbereitung

HEFT 230
Prof. Dr. F. Wever, Düsseldorf und Dr. W. Wepner, Köln
Bestimmung kleiner Kohlenstoffgehalte im Alpha-Eisen durch Dämpfungsmessung
in Vorbereitung

HEFT 231
Dr.-Ing. W. Küch, Dortmund
Über die Wechselwirkung zwischen Holzschutzbehandlung und Verleimung
in Vorbereitung

HEFT 232
Prof. Dr.-Ing. O. Kienzle, Hannover und Dr.-Ing. H. Münnich, Schweinfurt
Feststellung der Spannungen und Dehnungen und Bruchdrehzahlen der unter Fliehkraft und Bearbeitungskraft beanspruchten Schleifkörper
in Vorbereitung

HEFT 233
Dr. H. Haase, Hamburg
Infrarot-Bibliographie
in Vorbereitung

HEFT 234
Dr.-Ing. K. G. Speith und Dr.-Ing. A. Bungeroth, Duisburg
Versuche zur Steigerung des Kokillen-Schluckvermögens beim Stranggießen von Stahl
in Vorbereitung

HEFT 235
Prof. Dr.-Ing. K. Leist und Dipl.-Ing. W. Dettmering, Aachen
Turbinenschaufeln aus Kunststoff für Kaltluftversuchsanlagen
in Vorbereitung

HEFT 236
Dr.-Ing. O. Viertel und S. Lucas, Krefeld
Ergebnisse einer Hausfrauenbefragung über Wascheinrichtungen und Waschmethoden in städtischen Haushaltungen
in Vorbereitung

HEFT 237
Dr. P. Endler und Dr. H. Ludes, Köln
Bericht über eine Studienreise zur Orientierung der heutigen Behandlung der Lungentuberkulose in den Vereinigten Staaten von Nordamerika
in Vorbereitung

HEFT 238
Institut für textile Meßtechnik, M.-Gladbach, e. V.
Untersuchung der Verzugsvorgänge an den Streckwerken verschiedener Spinnereimaschinen. 3. Bericht: Theoretische Betrachtungen über den Einfluß schlagender Zylinder und Druckrollen
in Vorbereitung

HEFT 239
Prof. Dr.-Ing. K. Leist und Dipl.-Ing. H. Scheele, Aachen und Dipl.-Ing. F. H. Flottmann, Herne
Versuche an einem neuartigen luftgekühlten Hochleistungs-Kolbenkompressor
in Vorbereitung

HEFT 240
Prof. Dr.-Ing. K. Leist und Dipl.-Ing. H. Scheele, Aachen
Temperaturmessungen an einem einstufigen luftgekühlten 4-Zylinder-Kolbenkompressor mit Kühlgebläse
in Vorbereitung

HEFT 241
Prof. Dr.-Ing. K. Leist und Dipl.-Ing. M. Pötke, Aachen
Leistungsversuche an einem Kühlluftgebläse
in Vorbereitung

HEFT 242
Prof. Dr.-Ing. K. Leist und Dipl.-Ing. K. Graf, Aachen
Straßenfahrzeuge mit Gasturbinenantrieb
in Vorbereitung

HEFT 243
Prof. Dr.-Ing. K. Leist und Dipl.-Ing. S. Förster, Aachen
Die französische Kleingasturbine Artouste — 1. Teil
in Vorbereitung

HEFT 244
Prof. Dr. F. Wever, Dr. W. Koch und Dr. S. Eckhard, Düsseldorf
Erfahrungen mit der spektrochemischen Analyse von Gefügebestandteilen des Stahles
in Vorbereitung

HEFT 245
Prof. Dr.-Ing. K. Krekeler, Aachen
Das Verbinden von Metallen durch Kunstharzkleber. Teil I: Eigenschaften und Verwendung der Metallklebstoffe
in Vorbereitung

HEFT 246
Prof. Dr.-Ing. K. Krekeler, Aachen
Das Verbinden von Metallen durch Kunstharzkleber. Teil II: Untersuchungen an geklebten Leichtmetall-Verbindungen
in Vorbereitung

HEFT 247
Dr. H. Söhngen, Darmstadt
Strömung vor einem Überschall-Laufrad
in Vorbereitung

HEFT 248
Rheinische Aktiengesellschaft für Braunkohlenbergbau und Brikettfabrikation, Köln
Untersuchung der Bindemitteleigenschaften von Braunkohlenfilteraschen
in Vorbereitung

HEFT 249
Dr. M.-E. Meffert, Essen
Weitere Kulturversuche Scenedesmus obliquus
in Vorbereitung

HEFT 250
Dr. F. Schwarz und Dr.-Ing. K. Alberti, Köln
Entwicklung von Untersuchungsverfahren zur Gütebeurteilung von Industriekalken
in Vorbereitung

HEFT 251
Prof. Dr. H. Bittel, Münster
Zur Statistik der ferromagnetischen Elementarvorgänge und ihren Einfluß auf das Barkhausenrauschen
in Vorbereitung

HEFT 252
Dipl.-Ing. H. Frings, Geilenkirchen
Die Wirkung abfallender Wetterführung auf Wettertemperatur, Grubengasgehalt und Staubbildung
in Vorbereitung

HEFT 253
Dipl.-Ing. S. Schirmanski, Berghausen
Stand und Auswertung der Forschungsarbeiten über Temperatur- und Feuchtigkeitsgrenzen bei der bergmännischen Arbeit
in Vorbereitung

HEFT 254
Prof. Dr. R. Danneel, Bonn
Quantitative Untersuchungen über die Entwicklung des Ehrlich-Ascitesturmos bei Inzuchtmäusen
in Vorbereitung

HEFT 255
Ing. W. v. Schlippe, Bad Nauheim
Strömung von Flüssigkeiten mit temperaturabhängiger Zähigkeit (Kühlung von Ölen)
in Vorbereitung

HEFT 256
Prof. Dr. C. Schmieden und Dipl.-Math. K. H. Müller, Darmstadt
Die Strömung einer Quellstrecke im Halbraum — eine strenge Lösung der Navier-Stokes-Gleichungen
in Vorbereitung

HEFT 257
Prof. Dr. G. Lehmann und Dr. J. Tamm, Dortmund
Die Beeinflussung vegetativer Funktionen des Menschen durch Geräusche
in Vorbereitung

HEFT 258
Dr. H. Paul, Linz/Rhein und Prof. Dr. O. Graf, Dortmund
Zur Frage der Unfälle im Bergbau
in Vorbereitung

HEFT 259
Prof. D. W. Linke, Aachen
Strömungsvorgänge in künstlich belüfteten Räumen
in Vorbereitung

HEFT 260
Prof. Dr. W. Kast, Freiburg/Br., Prof. Dr. H. A. Stuart und Dipl.-Phys. H. G. Fendler, Hannover
Lichtzerstreuungsmessungen an Lösungen hochpolymerer Stoffe
in Vorbereitung

HEFT 261
Prof. Dr. W. Kast, Freiburg/Br.
Feinstruktur-Untersuchungen an künstlichen Zellulosefasern verschiedener Herstellungsverfahren. Teil II: Der Kristallisationszustand
in Vorbereitung

HEFT 262
Dr.-Ing. W. Batel, Aachen
Untersuchungen zur Absiebung feuchter, feinkörniger Haufwerke und Schwingsieben
in Vorbereitung

HEFT 263
Prof. Dr. H. Lange und Dipl.-Phys. R. Kohlhaas, Köln
Über die Wärmefähigkeit von Stählen bei hohen Temperaturen. Teil I: Literaturbericht
in Vorbereitung

HEFT 264
Prof. Dr. W. Weizel, Bonn
Durch schnelle Funkenzusammenbrüche ausgelöste Signale auf einer Leitung
in Vorbereitung

HEFT 265
Prof. Dr. F. Micheel und Dr. R. Engel, Münster
Eine Apparatur zur elektrophoretischen Trennung von Stoffgemischen
in Vorbereitung

HEFT 266
Fliesen-Beratungsstelle Bad Godesberg-Mehlem
Güteeigenschaften keramischer Wand- und Bodenfliesen und deren Prüfmethoden
in Vorbereitung

HEFT 267
Prof. Dr. W. Weizel und B. Brandt, Bonn
Zur Stabilität stromstarker Glimmentladungen
in Vorbereitung

HEFT 268
Prof. Dr.-Ing. G. Vogelpohl, Göttingen
Über die Tragfähigkeit von Gleitlagern und ihre Berechnung
in Vorbereitung

VERÖFFENTLICHUNGEN DER ARBEITSGEMEINSCHAFT FÜR FORSCHUNG DES LANDES NORDRHEIN-WESTFALEN

NATURWISSENSCHAFTEN

Im Auftrage des Ministerpräsidenten Karl Arnold
herausgegeben von Staatssekretär Prof. Leo Brandt

HEFT 1
Prof. Dr.-Ing. *Friedrich Seewald*, Aachen
Neue Entwicklungen auf dem Gebiet der Antriebsmaschinen
Prof. Dr.-Ing. *Friedrich A. F. Schmidt*, Aachen
Technischer Stand und Zukunftsaussichten der Verbrennungsmaschinen, insbesondere der Gasturbinen
Dr.-Ing. *Rudolf Friedrich*, Mülheim (Ruhr)
Möglichkeiten und Voraussetzungen der industriellen Verwertung der Gasturbine
1951, 52 Seiten, 15 Abb., kartoniert, DM 4,25

HEFT 2
Prof. Dr.-Ing. *Wolfgang Riezler*, Bonn
Probleme der Kernphysik
Prof. Dr. *Fritz Micheel*, Münster
Isotope als Forschungsmittel in der Chemie und Biochemie
1951, 40 Seiten, 10 Abb., kartoniert, DM 3,20

HEFT 3
Prof. Dr. *Emil Lehnartz*, Münster
Der Chemismus der Muskelmaschine
Prof. Dr. *Gunther Lehmann*, Dortmund
Physiologische Forschung als Voraussetzung der Bestgestaltung der menschlichen Arbeit
Prof. Dr. *Heinrich Kraut*, Dortmund
Ernährung und Leistungsfähigkeit
1951, 60 Seiten, 35 Abb., kartoniert, DM 5,—

HEFT 4
Prof. Dr. *Franz Wever*, Düsseldorf
Aufgaben der Eisenforschung
Prof. Dr.-Ing. *Hermann Schenck*, Aachen
Entwicklungslinien des deutschen Eisenhüttenwesens
Prof. Dr.-Ing. *Max Haas*, Aachen
Wirtschaftliche Bedeutung der Leichtmetalle und ihre Entwicklungsmöglichkeiten
1952, 60 Seiten, 20 Abb., kartoniert, DM 6,—

HEFT 5
Prof. Dr. *Walter Kikuth*, Düsseldorf
Virusforschung
Prof. Dr. *Rolf Danneel*, Bonn
Fortschritte der Krebsforschung
Prof. Dr. Dr. *Werner Schulemann*, Bonn
Wirtschaftliche und organisatorische Gesichtspunkte für die Verbesserung unserer Hochschulforschung
1952, 50 Seiten, 2 Abb., kartoniert, DM 4,—

HEFT 6
Prof. Dr. *Walter Weizel*, Bonn
Die gegenwärtige Situation der Grundlagenforschung in der Physik
Prof. Dr. *Siegfried Strugger*, Münster
Das Duplikantenproblem in der Biologie
Direktor Dr. *Fritz Gummert*, Essen
Überlegungen zu den Faktoren Raum und Zeit im biologischen Geschehen und Möglichkeiten einer Nutzanwendung
1952, 64 Seiten, 20 Abb., kartoniert, DM 4,—

HEFT 7
Prof. Dr.-Ing. *August Götte*, Aachen
Steinkohle als Rohstoff und Energiequelle
Prof. Dr. Dr. E. h. *Karl Ziegler*, Mülheim (Ruhr)
Über Arbeiten des Max-Planck-Institutes für Kohlenforschung
1953, 66 Seiten, 4 Abb., kartoniert, DM 4,75

HEFT 8
Prof. Dr.-Ing. *Wilhelm Fucks*, Aachen
Die Naturwissenschaft, die Technik und der Mensch
Prof. Dr. *Walther Hoffmann*, Münster
Wirtschaftliche und soziologische Probleme des technischen Fortschritts
1952, 84 Seiten, 12 Abb., kartoniert, DM 6,50

HEFT 9
Prof. Dr.-Ing. *Franz Bollenrath*, Aachen
Zur Entwicklung warmfester Werkstoffe
Prof. Dr. *Heinrich Kaiser*, Dortmund
Stand spektralanalytischer Prüfverfahren und Folgerung für deutsche Verhältnisse
1952, 100 Seiten, 62 Abb., kartoniert, DM 7,50

HEFT 10
Prof. Dr. *Hans Braun*, Bonn
Möglichkeiten und Grenzen der Resistenzzüchtung
Prof. Dr.-Ing. *Carl Heinrich Dencker*, Bonn
Der Weg der Landwirtschaft von der Energieautarkie zur Fremdenergie
1952, 74 Seiten, 23 Abb., kartoniert, DM 6,80

HEFT 11
Prof. Dr.-Ing. *Herwart Opitz*, Aachen
Entwicklungslinien der Fertigungstechnik in der Metallbearbeitung
Prof. Dr.-Ing. *Karl Krekeler*, Aachen
Stand und Aussichten der schweißtechnischen Fertigungsverfahren
1952, 72 Seiten, 49 Abb., kartoniert, DM 6,40

HEFT 12
Dr. *Hermann Rathert*, Wuppertal-Elberfeld
Entwicklung auf dem Gebiet der Chemiefaser-Herstellung
Prof. Dr. *Wilhelm Weltzien*, Krefeld
Rohstoff und Veredlung in der Textilwirtschaft
1952, 84 Seiten, 29 Abb., kartoniert, DM 7,—

HEFT 13
Dr.-Ing. E. h. *Karl Herz*, Frankfurt a. M.
Die technischen Entwicklungstendenzen im elektrischen Nachrichtenwesen
Staatssekretär Prof. *Leo Brandt*, Düsseldorf
Navigation und Luftsicherung
1952, 102 Seiten, 97 Abb., kartoniert, DM 9,75

HEFT 14
Prof. Dr. *Burckhardt Helferich*, Bonn
Stand der Enzymchemie und ihre Bedeutung
Prof. Dr. *Hugo Wilhelm Knipping*, Köln
Ausschnitt aus der klinischen Carcinomforschung am Beispiel des Lungenkrebses
1952, 72 Seiten, 12 Abb., kartoniert, DM 6,25

HEFT 15
Prof. Dr. *Abraham Esau †*, Aachen
Ortung mit elektrischen und Ultraschallwellen in Technik und Natur
Prof. Dr.-Ing. *Eugen Flegler*, Aachen
Die ferromagnetischen Werkstoffe der Elektrotechnik und ihre neueste Entwicklung
1953, 84 Seiten, 25 Abb., kartoniert, DM 6,25

HEFT 16
Prof. Dr. *Rudolf Seyffert*, Köln
Die Problematik der Distribution
Prof. Dr. *Theodor Beste*, Köln
Der Leistungslohn
1952, 70 Seiten, 1 Abb., kartoniert, DM 4,50

HEFT 17
Prof. Dr.-Ing. *Friedrich Seewald*, Aachen
Luftfahrtforschung in Deutschland und ihre Bedeutung für die allgemeine Technik
Prof. Dr.-Ing. *Edouard Houdremont*, Essen
Art und Organisation der Forschung in einem Industrieforschungsinstitut der Eisenindustrie
1953, 90 Seiten, 4 Abb., kartoniert, DM 5,50

HEFT 18
Prof. Dr. Dr. *Werner Schulemann*, Bonn
Theorie und Praxis pharmakologischer Forschung
Prof. Dr. *Wilhelm Groth*, Bonn
Technische Verfahren zur Isotopentrennung
1953, 72 Seiten, 17 Abb., kartoniert, DM 5,—

HEFT 19
Dipl.-Ing. *Kurt Traenckner*, Essen
Entwicklungstendenzen der Gaserzeugung
1953, 26 Seiten, 12 Abb., kartoniert, DM 2,50

HEFT 20
M. *Zvegintzow*, London
Wissenschaftliche Forschung und die Auswertung ihrer Ergebnisse
Ziel und Tätigkeit der National Research Development Corporation
Dr. *Alexander King*, London
Wissenschaft und internationale Beziehungen
1954, 88 Seiten, kartoniert, DM 4,60

HEFT 21
Prof. Dr. *Robert Schwarz*, Aachen
Wesen und Bedeutung der Silicium-Chemie
Prof. Dr. Dr. h. c. *Kurt Alder*, Köln
Fortschritte in der Synthese von Kohlenstoffverbindungen
1954, 76 Seiten, 49 Abb., kartoniert, DM 5,20

HEFT 21a
Prof. Dr. Dr. h. c. *Otto Hahn*, Göttingen
Die Bedeutung der Grundlagenforschung für die Wirtschaft
Prof. Dr. *Siegfried Strugger*, Münster
Die Erforschung des Wasser- und Nährsalztransportes im Pflanzenkörper mit Hilfe der fluoreszenzmikroskopischen Kinematographie
1953, 74 Seiten, 26 Abb., kartoniert, DM 5,80

HEFT 22
Prof. Dr. *Johannes von Allesch*, Göttingen
Die Bedeutung der Psychologie im öffentlichen Leben
Prof. Dr. *Otto Graf*, Dortmund
Triebfedern menschlicher Leistung
1953, 80 Seiten, 19 Abb., kartoniert, DM 4,80

HEFT 23
Prof. Dr. Dr. h. c. *Bruno Kuske*, Köln
Zur Problematik der wirtschaftswissenschaftlichen Raumforschung
Prof. Dr.-Ing. E. h. *Stephan Prager*, Düsseldorf
Städtebau und Landesplanung
1954, 84 Seiten, kartoniert, DM 4,—

HEFT 24
Prof. Dr. *Rolf Danneel*, Bonn
Über die Wirkungsweise der Erbfaktoren
Prof. Dr. *Kurt Herzog*, Krefeld
Bewegungsbedarf der menschlichen Gliedmaßengelenke bei der Berufsarbeit
1953, 76 Seiten, 18 Abb., kartoniert, DM 4,80

WESTDEUTSCHER VERLAG · KÖLN UND OPLADEN

HEFT 25
Prof. Dr. Otto Haxel, Heidelberg
Energiegewinnung aus Kernprozessen
Dr.-Ing. Dr. Max Wolf, Düsseldorf
Gegenwartsprobleme der energiewirtschaftlichen Forschung
1953, 98 Seiten, 27 Abb., kartoniert, DM 6,25

HEFT 26
Prof. Dr. Friedrich Becker, Bonn
Ultrakurzwellenstrahlung aus dem Weltraum
Dr. Hans Straßl, Bonn
Bemerkenswerte Doppelsterne und das Problem der Sternentwicklung
1954, 70 Seiten, 8 Abb., kartoniert, DM 4,—

HEFT 27
Prof. Dr. Heinrich Behnke, Münster
Der Strukturwandel der Mathematik in der ersten Hälfte des 20. Jahrhunderts
Prof. Dr. Emanuel Sperner, Hamburg
Eine mathematische Analyse der Luftdruckverteilungen in großen Gebieten
in Vorbereitung

HEFT 28
Prof. Dr. Oskar Niemczyk, Aachen
Die Problematik gebirgsmechanischer Vorgänge im Steinkohlenbergbau
Prof. Dr. Wilhelm Ahrens, Krefeld
Die Bedeutung geologischer Forschung für die Wirtschaft, besonders in Nordrhein-Westfalen
1955, 96 Seiten, 12 Abb., kartoniert, DM 6,40

HEFT 29
Prof. Dr. Bernhard Rensch, Münster
Das Problem der Residuen bei Lernleistungen
Prof. Dr. Hermann Fink, Köln
Über Leberschäden bei der Bestimmung des biologischen Wertes verschiedener Eiweiße von Mikroorganismen
1954, 96 Seiten, 23 Abb., kartoniert, DM 6,—

HEFT 30
Prof. Dr.-Ing. Friedrich Seewald, Aachen
Forschungen auf dem Gebiete der Aerodynamik
Prof. Dr.-Ing. Karl Leist, Aachen
Einige Forschungsarbeiten aus der Gasturbinentechnik
1955, 98 Seiten, 45 Abb., kartoniert, DM 8,80

HEFT 31
Prof. Dr.-Ing. Dr. h. c. Fritz Mietzsch, Wuppertal
Chemie und wirtschaftliche Bedeutung der Sulfonamide
Prof. Dr. Dr. h. c. Gerhard Domagk, Wuppertal
Die experimentellen Grundlagen der bakteriellen Infektionen
1954, 82 Seiten, 2 Abb., kartoniert, DM 5,25

HEFT 32
Prof. Dr. Hans Braun, Bonn
Die Verschleppung von Pflanzenkrankheiten und -schädigungen über die Welt
Prof. Dr. Wilhelm Rudorf, Voldagsen
Der Beitrag von Genetik und Züchtung zur Bekämpfung von Viruskrankheiten der Nutzpflanzen
1953, 88 Seiten, 36 Abb., kartoniert, DM 6,75

HEFT 33
Prof. Dr.-Ing. Volker Aschoff, Aachen
Probleme der elektroakustischen Einkanalübertragung
Prof. Dr.-Ing. Herbert Döring, Aachen
Erzeugung und Verstärkung von Mikrowellen
1954, 74 Seiten, 23 Abb., kartoniert, DM 4,50

HEFT 34
Geheimrat Prof. Dr. Dr. Rudolf Schenck, Aachen
Bedingungen und Gang der Kohlenhydratsynthese im Licht
Prof. Dr. Emil Lehnartz, Münster
Die Endstufen des Stoffabbaues im Organismus
1954, 80 Seiten, 11 Abb., kartoniert, DM 5,50

HEFT 35
Prof. Dr.-Ing. Hermann Schenck, Aachen
Gegenwartsprobleme der Eisenindustrie in Deutschland
Prof. Dr.-Ing. Eugen Piwowarsky †, Aachen
Gelöste und ungelöste Probleme im Gießereiwesen
1954, 110 Seiten, 67 Abb., kartoniert, DM 9,-

HEFT 36
Prof. Dr. Wolfgang Riezler, Bonn
Teilchenbeschleuniger
Prof. Dr. Gerhard Schubert, Hamburg
Anwendung neuer Strahlenquellen in der Krebstherapie
1954, 104 Seiten, 43 Abb., kartoniert, DM 8,20

HEFT 37
Prof. Dr. Franz Lotze, Münster
Probleme der Gebirgsbildung
Bergwerksdirektor Bergassessor a.D. G. Rauschenbach, Essen
Die Erhaltung der Förderungskapazität des Ruhrbergbaues auf lange Sicht
in Vorbereitung

HEFT 38
Dr. E. Colin Cherry, London
Kybernetik
Prof. Dr. Erich Pietsch, Clausthal-Zellerfeld
Dokumentation und mechanisches Gedächtnis — zur Frage der Ökonomie der geistigen Arbeit
1954, 108 Seiten, 31 Abb., kartoniert, DM 7,20

HEFT 39
Dr. Heinz Haase, Hamburg
Infrarot und seine technischen Anwendungen
Prof. Dr. Abraham Esau †, Aachen
Ultraschall und seine technischen Anwendungen
1955, 80 Seiten, 25 Abb., kartoniert, DM 6,20

HEFT 40
Bergassessor Fritz Lange, Bochum-Hordel
Die wirtschaftliche und soziale Bedeutung der Silikose im Bergbau
Prof. Dr. Walter Kikuth, Düsseldorf
Die Entstehung der Silikose und ihre Verhütungsmaßnahmen
1954, 120 Seiten, 40 Abb., kartoniert, DM 9,50

HEFT 40a
Prof. Dr. Eberhard Gross, Bonn
Berufskrebs und Krebsforschung
Prof. Dr. Hugo Wilhelm Knipping, Köln
Die Situation der Krebsforschung vom Standpunkt der Klinik
1955, 88 Seiten, 31 Abb., kartoniert, DM 6,70

HEFT 41
Direktor Dr.-Ing. Gustav-Victor Lachmann, London
An einer neuen Entwicklungsschwelle im Flugzeugbau
Direktor Dr.-Ing. A. Gerber, Zürich-Oerlikon
Stand der Entwicklung der Raketen- und Lenktechnik
1955, 88 Seiten, 44 Abb., kartoniert, DM 8,40

HEFT 42
Prof. Dr. Theodor Kraus, Köln
Lokalisationsphänomene und Raumordnung vom Standpunkt der geographischen Wissenschaft
Direktor Dr. Fritz Gummert, Essen
Vom Ernährungsversuchsfeld der Kohlenstoffbiologischen Forschungsstation Essen
in Vorbereitung

HEFT 42a
Prof. Dr. Dr. h. c. Gerhard Domagk, Wuppertal
Fortschritte auf dem Gebiet der experimentellen Krebsforschung
1954, 46 Seiten, kartoniert, DM 2,60

HEFT 43
Prof. Giovanni Lampariello, Rom
Über Leben und Werk von Heinrich Hertz
Prof. Dr. Walter Weizel, Bonn
Über das Problem der Kausalität in der Physik
1955, 76 Seiten, kartoniert, DM 4,40

HEFT 43a
Prof. Dr. José Ma Albareda, Madrid
Die Entwicklung der Forschung in Spanien
in Vorbereitung

HEFT 44
Prof. Dr. Burckhardt Helferich, Bonn
Über Glykoside
Prof. Dr. Fritz Micheel, Münster
Kohlenhydrat-Eiweiß-Verbindungen und ihre biochemische Bedeutung
in Vorbereitung

HEFT 45
Prof. Dr. John von Neumann, Princeton, USA
Entwicklung und Ausnutzung neuerer mathematischer Maschinen
Prof. Dr. E. Stiefel, Zürich
Rechenautomaten im Dienste der Technik mit Beispielen aus dem Züricher Institut für angewandte Mathematik
1955, 74 Seiten, 6 Abb., kartoniert, DM 4,80

HEFT 46
Prof. Dr. Wilhelm Weltzien, Krefeld
Ausblick auf die Entwicklung synthetischer Fasern
Prof. Dr. Walther Hoffmann, Münster
Wachstumsformen der Industriewirtschaft
in Vorbereitung

HEFT 47
Staatssekretär Prof. Leo Brandt, Düsseldorf
Die praktische Förderung der Forschung in Nordrhein-Westfalen
Prof. Dr. Ludwig Raiser, Bad Godesberg
Die Förderung der angewandten Forschung durch die Deutsche Forschungsgemeinschaft
in Vorbereitung

HEFT 48
Dr. Hermann Tromp, Rom
Bestandsaufnahme der Wälder der Welt als internationale und wissenschaftliche Aufgabe
Prof. Dr. Franz Heske, Schloß Reinbek
Die Wohlfahrtswirkungen des Waldes als internationales Problem
in Vorbereitung

HEFT 49
Präsident Dr. G. Böhnecke, Hamburg
Zeitfragen der Ozeanographie
Reg.-Direktor Dr. H. Gabler, Hamburg
Nautische Technik und Schiffssicherheit
1955, 120 Seiten, 49 Abb., kartoniert, DM 10,20

HEFT 50
Prof. Dr.-Ing. Friedrich A. F. Schmidt, Aachen
Probleme der Selbstzündung und Verbrennung bei der Entwicklung der Hochleistungskraftmaschinen
Prof. Dr.-Ing. A. W. Quick, Aachen
Ein Verfahren zur Untersuchung des Austauschvorganges in verwirbelten Strömungen hinter Körpern mit abgelöster Strömung
in Vorbereitung

HEFT 51
Prof. Dr. Siegfried Strugger, Münster
Struktur, Entwicklungsgeschichte und Physiologie der Chloroplasten
Direktor Dr. J. Pätzold, Erlangen
Therapeutische Anwendung mechanischer und elektrischer Energie
in Vorbereitung

HEFT 52
Mr. Patmore, London
Lufttüchtigkeit und technische Prüfung der Flugzeuge in England
Pro. A. D. Young, Cranfield
Die Ausbildung des Ingenieurnachwuchses auf dem Luftfahrtgebiet in England
in Vorbereitung

JAHRESFEIER 1955
Prof. Dr. Josef Pieper, Münster
Über den Philosophie-Begriff Platons
Prof. Dr. Walter Weizel, Bonn
Die Mathematik und die physikalische Realität
1955, 62 Seiten, kartoniert, DM 4,40

HEFT 52a
Dr. D. C. Martin, London
Geschichte und Organisation der Royal Society
Dr. Roux, Südafrika
Probleme der wissenschaftlichen Forschung in der Südafrikanischen Union
in Vorbereitung

HEFT 53
Prof. Dr.-Ing. Georg Schnadel, Hamburg
Forschungsaufgaben zur Untersuchung der Festigkeitsprobleme im Schiffsbau
Prof. Dipl.-Ing. Wilhelm Sturtzel, Duisburg
Forschungsaufgaben zur Untersuchung der Widerstandsprobleme im Schiffsbau
in Vorbereitung

HEFT 53a
Prof. Giovanni Lampariello, Rom
Von Galilei zu Einstein
in Vorbereitung

HEFT 54
Prof. Dr. Julius Bartels, Göttingen
Sonne und Erde — das Thema des internationalen geophysikalischen Jahres
Direktor Dr. Walter Dieminger, Lindau/Harz
Ionosphäre und drahtloser Weitverkehr
in Vorbereitung

HEFT 54a
Sir John Cockcroft, London
Die friedliche Anwendung der Kernenergie
in Vorbereitung

HEFT 55
Prof. Dr.-Ing. Fritz Schultz-Grunow, Aachen
Das Kriechen und Fließen hochzäher und plastischer Stoffe
Prof. Dr.-Ing. Hans Ebner, Aachen
Wege und Ziele der Festigkeitsforschung besonders im Hinblick auf den Leichtbau
in Vorbereitung

WESTDEUTSCHER VERLAG · KÖLN UND OPLADEN

HEFT 56
Prof. Dr. Ernst Derra, Düsseldorf
Der Entwicklungsstand der Herzchirurgie
Prof. Dr. Gunther Lehmann, Dortmund
Muskelarbeit und Muskelermüdung in Theorie und Praxis
in Vorbereitung

HEFT 57
Prof. Dr. Theodor von Kármán, Pasadena
Freiheit und Organisation in der Luftfahrtforschung
in Vorbereitung

HEFT 58
Prof. Dr. Fritz Schröter, Ulm
Neue Forschungs- und Entwicklungsrichtungen im Fernsehen
Prof. Dr. Albert Narath, Berlin
Der gegenwärtige Stand der Filmtechnik
in Vorbereitung

VERÖFFENTLICHUNGEN DER ARBEITSGEMEINSCHAFT FÜR FORSCHUNG DES LANDES NORDRHEIN-WESTFALEN

GEISTESWISSENSCHAFTEN

Im Auftrage des Ministerpräsidenten Karl Arnold
herausgegeben von Staatssekretär Prof. Leo Brandt

HEFT 1
Prof. Dr. Werner Richter, Bonn
Die Bedeutung der Geisteswissenschaften für die Bildung unserer Zeit
Prof. Dr. Joachim Ritter, Münster
Die aristotelische Lehre vom Ursprung und Sinn der Theorie
1953, 64 Seiten, kartoniert, DM 3,50

HEFT 2
Prof. Dr. Josef Kroll, Köln
Elysium
Prof. Dr. Günther Jachmann, Köln
Die vierte Ekloge Vergils
1953, 72 Seiten, kartoniert, DM 3,75

HEFT 3
Prof. Dr. Hans Erich Stier, Münster
Die klassische Demokratie
1954, 100 Seiten, kartoniert, DM 6,—

HEFT 4
Prof. Dr. Werner Caskel, Köln
Lihyan und Lihyanisch. Sprache und Kultur eines frükarabischen Königreiches
1954, 168 Seiten, 6 Abb., kartoniert, DM 11,—

HEFT 5
Prof. Dr. Thomas Ohm, Münster
Stammesreligionen im südlichen Tanganyika-Territorium
1953, 80 Seiten, 25 Abb., kartoniert, DM 11,50

HEFT 6
Prälat Prof. Dr. Dr. h. c. Georg Schreiber, Münster
Deutsche Wissenschaftspolitik von Bismarck bis zum Atomwissenschaftler Otto Hahn
1954, 102 Seiten, 7 Bilder, kartoniert, DM 6,25

HEFT 7
Prof. Dr. Walter Holtzmann, Bonn
Das mittelalterliche Imperium und die werdenden Nationen
1953, 28 Seiten, kartoniert, DM 2,50

HEFT 8
Prof. Dr. Werner Caskel, Köln
Die Bedeutung der Beduinen in der Geschichte der Araber
1954, 44 Seiten, kartoniert, DM 2,75

HEFT 9
Prälat Prof. Dr. Dr. h. c. Georg Schreiber, Münster
Irland im deutschen und abendländischen Sakralraum
in Vorbereitung

HEFT 10
Prof. Dr. Peter Rassow, Köln
Forschungen zur Reichsidee im 16. und 17. Jahrhundert
1955, 32 Seiten, kartoniert, DM 1,90

HEFT 11
Prof. Dr. Hans Erich Stier, Münster
Roms Aufstieg zur Weltherrschaft
in Vorbereitung

HEFT 12
Prof. D. Karl Heinrich Rengstorf, Münster
Mann und Frau im Urchristentum
Prof. Dr. Hermann Conrad, Bonn
Grundprobleme einer Reform des Familienrechts
1954, 106 Seiten, kartoniert, DM 6,—

HEFT 13
Prof. Dr. Max Braubach, Bonn
Der Weg zum 20. Juli 1944
1953, 48 Seiten, kartoniert, DM 3,25

HEFT 14
Prof. Dr. Paul Hübinger, Münster
Das deutsch-französische Verhältnis und seine mittelalterlichen Grundlagen
in Vorbereitung

HEFT 15
Prof. Dr. Franz Steinbach, Bonn
Der geschichtliche Weg des wirtschaftenden Menschen in die soziale Freiheit und politische Verantwortung
1954, 76 Seiten, kartoniert, DM 3,80

HEFT 16
Prof. Dr. Josef Koch, Köln
Die Ars coniecturalis des Nikolaus von Cues
in Vorbereitung

HEFT 17
Prof. Dr. James Conant,
US-Hochkommissar für Deutschland
Staatsbürger und Wissenschaftler
Prof. D. Karl Heinrich Rengstorf, Münster
Antike und Christentum
1953, 48 Seiten, 2 Abb., kartoniert, DM 3,50

HEFT 18
Prof. Dr. Richard Alewyn, Köln
Klopstocks Publikum
in Vorbereitung

HEFT 19
Prof. Dr. Fritz Schalk, Köln
Das Lächerliche in der französischen Literatur des Ancien Régime
1954, 42 Seiten, kartoniert, DM 2,25

HEFT 20
Prof. Dr. Ludwig Raiser, Bad Godesberg
Rechtsfragen der Mitbestimmung
1954, 48 Seiten, kartoniert, DM 2,50

HEFT 21
Prof. D. Martin Noth, Bonn
Das Geschichtsverständnis der alttestamentlichen Apokalyptik
1953, 36 Seiten, kartoniert, DM 2,20

HEFT 22
Prof. Dr. Walter F. Schirmer, Bonn
Glück und Ende des Könige in Shakespeares Historien
1954, 32 Seiten, kartoniert, DM 1,60

HEFT 23
Prof. Dr. Günther Jachmann, Köln
Der homerische Schiffskatalog und die Ilias
in Vorbereitung

HEFT 24
Prof. Dr. Theodor Klauser, Bonn
Die römischen Petrustraditionen im Lichte der neuen Ausgrabungen unter der Peterskirche
in Vorbereitung

HEFT 25
Prof. Dr. Hans Peters, Köln
Die Gewaltentrennung in moderner Sicht
1955, 48 Seiten, kartoniert, DM 3,10

HEFT 26
Prof. Dr. Fritz Schalk, Köln
Calderon und die Mythologie
in Vorbereitung

HEFT 27
Prof. Dr. Josef Kroll, Köln
Vom Leben geflügelter Worte
in Vorbereitung

WESTDEUTSCHER VERLAG · KÖLN UND OPLADEN

HEFT 28
Prof. Dr. Thomas Ohm, Münster
Die Religionen in Asien
1954, 50 Seiten, 4 Abb., kartoniert, DM 7,—

HEFT 29
Prof. Dr. Johann Leo Weisgerber, Bonn
Die Ordnung der Sprache im persönlichen und öffentlichen Leben
1955, 64 Seiten, kartoniert, DM 3,50

HEFT 30
Prof. Dr. Werner Caskel, Köln
Entdeckungen in Arabien
1954, 44 Seiten, kartoniert, DM 3,20

HEFT 31
Prof. Dr. Max Braubach, Bonn
Entstehung und Entwicklung der landesgeschichtlichen Bestrebungen und historischen Vereine im Rheinland
1955, 32 Seiten, kartoniert, DM 2.20

HEFT 32
Prof. Dr. Fritz Schalk, Köln
Somnium und verwandte Wörter in den romanischen Sprachen
1955, 48 Seiten, 3 Abb., kartoniert, DM 3,60

HEFT 33
Prof. Dr. Friedrich Dessauer, Frankfurt a. M.
Erbe und Zukunft des Abendlandes
in Vorbereitung

HEFT 34
Prof. Dr. Thomas Ohm, Münster
Ruhe und Frömmigkeit
1955, 128 Seiten, 30 Abb., kartoniert, DM 10,70

HEFT 35
Prof. Dr. Hermann Conrad, Bonn
Die mittelalterliche Besiedlung des deutschen Ostens und das Deutsche Recht
1955, 40 Seiten, kartoniert, DM 2,80

HEFT 36
Prof. Dr. Hans Sckommodau, Köln
Die religiösen Dichtungen Margaretes von Navarra
1955, 172 Seiten, kartoniert, DM 9,60

HEFT 37
Prof. Dr. Herbert von Einem, Bonn
Der Mainzer Kopf mit der Binde
1955, 88 Seiten, 40 Abb., kartoniert, DM 9,20

HEFT 38
Prof. Dr. Joseph Höffner, Münster
Statik und Dynamik in der scholastischen Wirtschaftsethik
1955, 48 Seiten, kartoniert, DM 2,85

HEFT 39
Prof. Dr. Fritz Schalk, Köln
Diderots Essai über Claudius und Nero
in Vorbereitung

HEFT 40
Prof. Dr. Gerhard Kegel, Köln
Probleme des internationalen Enteignungs- und Währungsrechts
in Vorbereitung

HEFT 41
Prof. Dr. Johann Leo Weisgerber, Bonn
Die Grenzen der Schrift — Der Kern der Rechtschreibreform
1955, 72 Seiten, kartoniert, DM 4,80

HEFT 42
Prof. Dr. Richard Alewyn, Köln
Von der Empfindsamkeit zur Romantik
in Vorbereitung

HEFT 43
Prof. Dr. Theodor Schieder, Köln
Die Probleme des Rapallo-Vertrages 1922
in Vorbereitung

HEFT 44
Prof. Dr. Andreas Rumpf, Köln
Stilphasen der spätantiken Kunst
in Vorbereitung

HEFT 45
Dr. Ulrich Luck, Münster
Kerygma und Tradition in der Hermeneutik Adolf Schlatters
1955, 136 Seiten, kartoniert, DM 9,—

HEFT 46
Prof. Dr. Walther Holtzmann, Rom
Das Deutsche Historische Institut in Rom
Prof. Dr. Graf Wolff Metternich, Rom
Die Bibliotheca Hertziana und der Palazzo Zuccari
1955, 68 Seiten, 7 Abb., kartoniert, DM 5,—

JAHRESFEIER 1955
Prof. Dr. Josef Pieper, Münster
Über den Philosophie-Begriff Platons
Prof. Dr. Walter Weizel, Bonn
Die Mathematik und die physikalische Realität
1955, 62 Seiten, kartoniert, DM 4,40

HEFT 47
Prof. Dr. Harry Westermann, Münster
Person und Persönlichkeit im Zivilrecht
in Vorbereitung

HEFT 48
Prof. Dr. Johann Leo Weisgerber, Bonn
Die Namen der Ubier
in Vorbereitung

HEFT 49
Prof. Dr. Friedrich Karl Schumann, Münster
Mythos und Technik
in Vorbereitung

HEFT 51
Prälat Prof. Dr. Dr. h. c. Georg Schreiber, Münster
Der Bergbau in Geschichte, Ethos und Sakralkultur
in Vorbereitung

HEFT 52
Prof. Dr. Hans J. Wolff, Münster
Die Rechtsgestalt der Universität
in Vorbereitung

HEFT 53
Prof. Dr. Heinrich Vogt, Bonn
Schadenersatzprobleme im Verhältnis von Haftungsgrund und Schaden
in Vorbereitung

HEFT 54
Prof. Dr. Max Braubach, Bonn
Der Einmarsch der deutschen Truppen in die entmilitarisierte Zone am Rhein im März 1936. Ein Beitrag zur Vorgeschichte des zweiten Weltkrieges
in Vorbereitung

HEFT 55
Prof. Dr. Herbert von Einem, Bonn
Die Menschwerdung Christi des Isenheimer Altars
in Vorbereitung

HEFT 56
Prof. Dr. E. J. Cohn, London
Der englische Gerichtstag
in Vorbereitung

WESTDEUTSCHER VERLAG · KÖLN UND OPLADEN

If you have any concerns about our products,
you can contact us on
ProductSafety@springernature.com

In case Publisher is established outside the EU,
the EU authorized representative is:
Springer Nature Customer Service Center GmbH
Europaplatz 3, 69115 Heidelberg, Germany

Printed by Libri Plureos GmbH
in Hamburg, Germany